突发环境事件应急知识问答

TUFA HUANJING SHIJIAN YINGJI ZHISHI WENDA

生态环境部华南环境科学研究所（生态环境部生态环境应急研究所）/ 编

中国环境出版集团 · 北京

图书在版编目（CIP）数据

突发环境事件应急知识问答 / 生态环境部华南环境科学研究所（生态环境部生态环境应急研究所）编. -- 北京 : 中国环境出版集团 , 2022.2

ISBN 978-7-5111-4528-4

Ⅰ. ①突… Ⅱ. ①生… Ⅲ. ①环境污染事故－应急对策－问题解答 Ⅳ. ① X507-44

中国版本图书馆 CIP 数据核字 (2020) 第 251380 号

出 版 人　武德凯
责任编辑　董蓓蓓
责任校对　任　丽
装帧设计　宋　瑞

出版发行　中国环境出版集团
（100062 北京市东城区广渠门内大街 16 号）
网　　址：http://www.cesp.com.cn
电子邮箱：bjgl@cesp.com.cn
联系电话：010-67112765（编辑管理部）
发行热线：010-67125803，010-67113405（传真）
印　　刷　北京中科印刷有限公司
经　　销　各地新华书店
版　　次　2022 年 2 月第 1 版
印　　次　2022 年 2 月第 1 次印刷
开　　本　880×1230 1/32
印　　张　4.375
字　　数　100 千字
定　　价　26.00 元

编委会

前言

“十四五”时期，生态环境保护工作进入新发展阶段，污染防治攻坚战由“坚决打好”向“深入打好”转变，按照“提气、降碳、强生态，增水、固土、防风险”的思路，继续开展污染防治行动，其中防风险，就是要进一步守牢环境安全底线，切实防范化解生态环境领域各类突发事件。要完善生态环境风险常态化管理体系，防范化解涉环保项目社会风险，把防风险、解决群众身边的突出环境问题摆在更加重要位置，营造和谐稳定的局面。因此，“十四五”时期，环境应急工作提升到了前所未有的高度。

当前，我国突发环境事件仍然高发、频发，严峻的环境安全形势尚未得到根本扭转，随着人们环境意识、健康意识的提高，人们对环境问题，尤其是涉及自己切身利益的生活周边环境问题越来越关注，如果突发环境事件应急处置不当、沟通渠道不畅，就极有可能引起环境群体性冲突，危及社会和谐，造成社会动荡。突发环境事件应急处置专业性较强，公众缺乏获取环境应急知识的渠道，加之部分网络舆论的引导与传播，极易混淆视听引发不必要的恐慌。因此，需加大宣传力度，普及突发环境事件应急的基本知识，强化环境应急意识，让公众对环境应急有一定的了解，提高公众的环保科学素养。

在生态环境部生态环境应急研究所全体人员的共同努力下，《突发环境事件应急知识问答》编撰出版，本书从突发环境事件基本概念、污染物危害及环境行为、应急管理、应急处置、后期工作、环境应急主要法律法规及标准和社会责任与公众参与等七个方面全面介绍了突发环境事件应急相关知识，图文并茂地将专业性的知识以通俗易懂的语言进行阐述，以期帮助公众了解突发环境事件应急基础知识，提高公众环境应急领域的知识水平，从而大力推动公众参与到突发环境事件应急的工作中来，不断提高各层级的环境应急能力，为建设生态文明做出新贡献。

由于时间仓促，书中难免有不当之处，敬请各位读者谅解和批评指正。

目录

第一部分 基础知识 1

第二部分 污染物的危害与环境行为 11

第六部分 突发环境事件适用主要法律法规及标准 105

第七部分 社会责任与公众参与 121

第一部分
基础知识

1. 什么是突发环境事件？

《国家突发环境事件应急预案》《突发环境事件应急管理办法》对突发环境事件的定义是：由于污染物排放或自然灾害、生产安全事故等因素，导致污染物或放射性物质等有毒有害物质进入大气、水体、土壤等环境介质，突然造成或可能造成环境质量下降，危及公众身体健康和财产安全，或造成生态环境破坏，或造成重大社会影响，需要采取紧急措施予以应对的事件，主要包括大气污染、水体污染、土壤污染等突发性环境污染事件和辐射污染事件。

2. 突发环境事件有哪些显著特点？

（1）突然性：突发环境事件具有的最明显的特点即是“突然性”，这意味着很难对突发环境事件进行预测，如无法预测发生的时间、地点以及影响程度。自然灾害引起的突发环境事件的突然性尤其明显，相反，一些人为原因引起的突发环境事件有一些是具有可预测性的。

（2）多样性：突发环境事件具有种类上的多样性，仅从起因上分析就可以分为安全生产事故引发的环境事件、交通事故引发的环境事件、企业违法排污引发的环境事件以及自然灾害引发的环境事件等。同时，这些起因下面又有更多更细的分类，引发原因的多样性导致了突发环境事件的多样性，也增加了环境应急处置的难度。

（3）产生危害的严重性：突发环境事件的危害表现在事中和事后两个方面，在发生时不仅可能造成现场的人身伤亡和财产损失，同时一般还会对受影响范围内的环境造成不同程度的破坏，也正是因为这一点导致突发环境事件发生后通常需要长期的整治和恢复，所以这方面的花费往往是当时财产损失的数倍甚至数十倍。此外，对当地环境的破坏也是对当地人文环境的一种破坏，很有可能导致一些社会问题。如果突发环境事件受影响范围跨越了国界，则可能造成国家之间的环境纠纷。

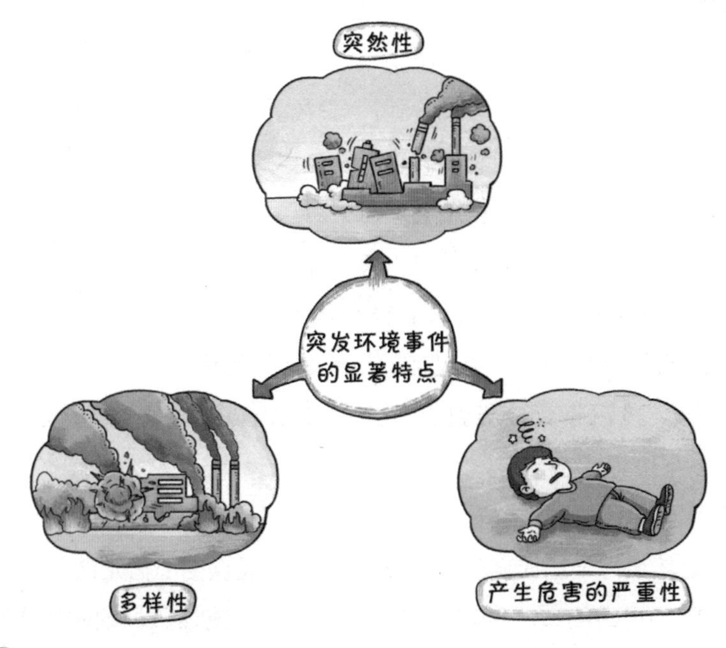

3. 突发环境事件如何分级？

按照突发环境事件的严重性和紧急程度，突发环境事件分为特别重大突发环境事件（Ⅰ级）、重大突发环境事件（Ⅱ级）、较大突发环境事件（Ⅲ级）和一般突发环境事件（Ⅳ级）。

（1）特别重大突发环境事件（Ⅰ级）。

凡符合下列情形之一的，为特别重大突发环境事件：

①因环境污染直接导致30人以上死亡或100人以上中毒或重伤的；

②因环境污染疏散、转移人员5万人以上的；

③因环境污染造成直接经济损失1亿元以上的；

④因环境污染造成区域生态功能丧失或该区域国家重点保护物种灭绝的；

⑤因环境污染造成设区的市级以上城市集中式饮用水水源地取水中断的；

⑥Ⅰ、Ⅱ类放射源丢失、被盗、失控并造成大范围严重辐射污染后果的；放射性同位素和射线装置失控导致3人以上急性死亡的；放射性物质泄漏，造成大范围辐射污染后果的；

⑦造成重大跨国境影响的境内突发环境事件。

（2）重大突发环境事件（Ⅱ级）。

凡符合下列情形之一的，为重大突发环境事件：

①因环境污染直接导致10人以上30人以下死亡或50人以上100人以下中毒或重伤的；

②因环境污染疏散、转移人员1万人以上5万人以下的；

③因环境污染造成直接经济损失2000万元以上1亿元以下的；

④因环境污染造成区域生态功能部分丧失或该区域国家重点保护野生动植物种群大批死亡的；

⑤因环境污染造成县级城市集中式饮用水水源地取水中断的；

⑥Ⅰ、Ⅱ类放射源丢失、被盗的；放射性同位素和射线装置失控导致3人以下急性死亡或者10人以上急性重度放射病、局部器官残疾的；放射性物质泄漏，造成较大范围辐射污染后果的；

⑦造成跨省级行政区域影响的突发环境事件。

（3）较大突发环境事件（Ⅲ级）。

凡符合下列情形之一的，为较大突发环境事件：

①因环境污染直接导致3人以上10人以下死亡或10人以上50人以下中毒或重伤的；

②因环境污染疏散、转移人员5000人以上1万人以下的；

③因环境污染造成直接经济损失500万元以上2000万元以下的；

④因环境污染造成国家重点保护的动植物物种受到破坏的；

⑤因环境污染造成乡镇集中式饮用水水源地取水中断的；

⑥Ⅲ类放射源丢失、被盗的；放射性同位素和射线装置失控导致10人以下急性重度放射病、局部器官残疾的；放射性物质泄漏，造成小范围辐射污染后果的；

⑦造成跨设区的市级行政区域影响的突发环境事件。

（4）一般突发环境事件（Ⅳ级）。

凡符合下列情形之一的，为一般突发环境事件：

①因环境污染直接导致3人以下死亡或10人以下中毒或重伤的；

②因环境污染疏散、转移人员5000人以下的；

③因环境污染造成直接经济损失500万元以下的；

④因环境污染造成跨县级行政区域纠纷，引起一般性群体影响的；

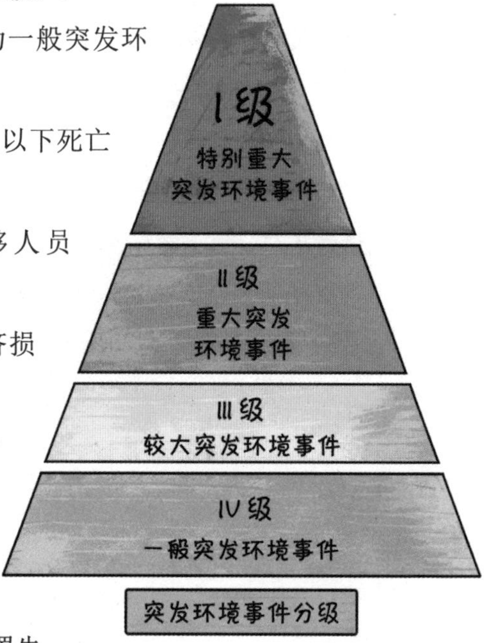

⑤Ⅳ、Ⅴ类放射源丢失、被盗的；放射性同位素和射线装置失控导致人员受到超过年剂量限值的照射的；放射性物质泄漏，造成

Ⅰ级
特别重大
突发环境事件
Ⅱ级
重大突发
环境事件
Ⅲ级
较大突发环境事件
Ⅳ级
一般突发环境事件

突发环境事件分级

厂区内或设施内局部辐射污染后果的；铀矿冶、伴生矿超标排放，造成环境辐射污染后果的；

⑥对环境造成一定影响，尚未达到较大突发环境事件级别的。

4. 突发环境事件有哪些类型？

根据不同划分依据，突发环境事件有不同的类型：

（1）根据受污染环境所属类型可分为大气污染事件、水体污染事件、土壤污染事件、生态破坏事件、辐射污染事件、群体性事件、海洋污染事件等。

（2）根据污染物性质可分为有机物污染事件、石油类污染事件、重金属污染事件、藻类污染事件、无机物污染事件等。

（3）根据污染源所处的社会领域可分为工业污染事件、农业污染事件、交通污染事件等。

（4）根据诱发因素可分为人为型污染事件（如安全生产事故、交通运输事故、违法偷排事件）、自然型污染事件（如因地震、洪涝、雷击等引发的污染事件）和综合型污染事件等。

（5）根据事件的时间因素可分为突发型污染事件和累积型污染事件，这两类事件都是突然发生的，突如其来，不可预测，但突发型污染事件多是由偶然性原生事件衍生而来的，如地震、洪涝等自然灾害次生爆炸，火灾等安全生产事件次生突发型污染事件，翻车导致化学品泄漏污染事件等。累积型污染事件虽然也是突然暴发的，但本质是污染的长期积累所致，这类事件的发生有其必然性（如太湖蓝藻暴发事件）。

（6）根据突发环境事故起因可分为生产安全次生突发环境事件、

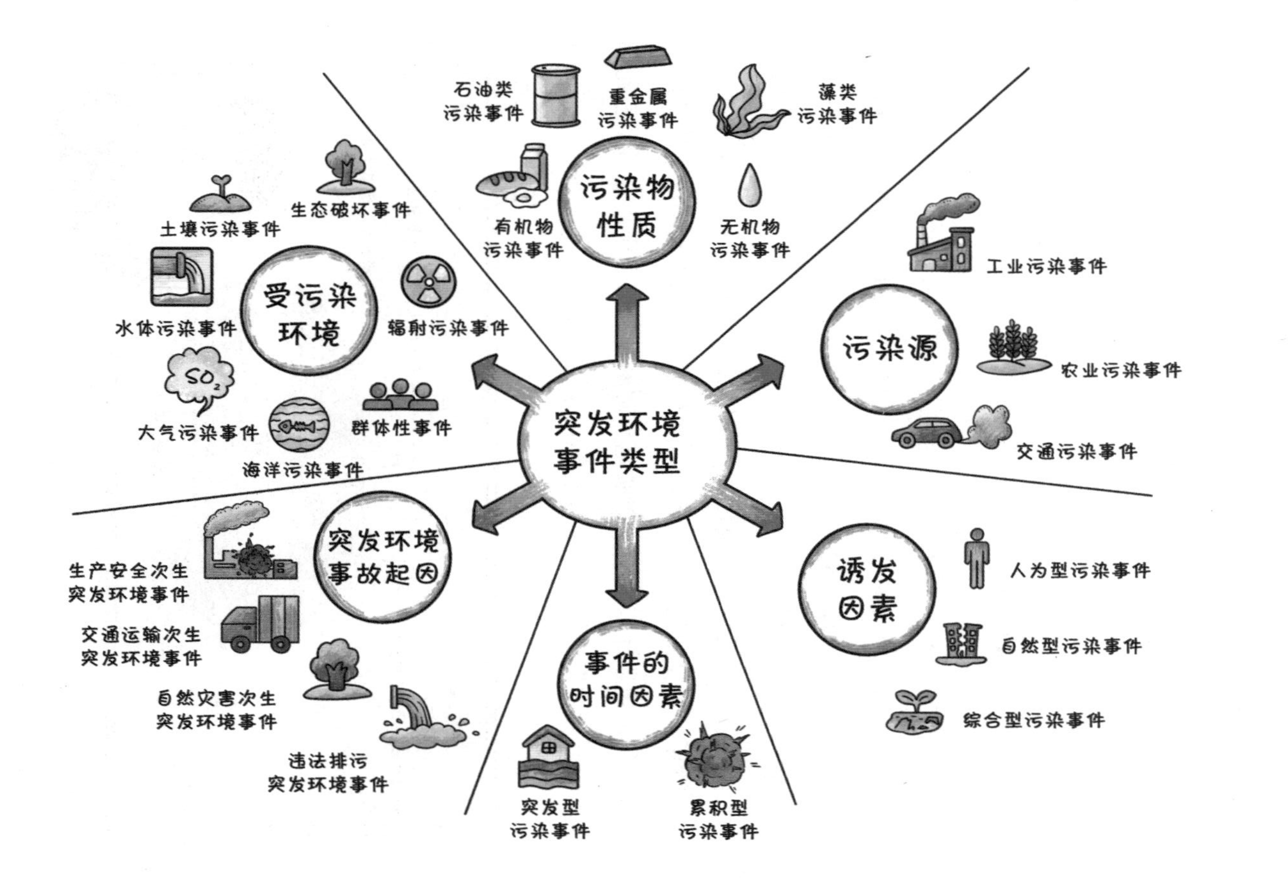
突发环境事件类型
污染物性质
石油类污染事件
重金属污染事件
藻类污染事件
有机物污染事件
无机物污染事件
污染源
工业污染事件
农业污染事件
交通污染事件
诱发因素
人为型污染事件
自然型污染事件
综合型污染事件
事件的时间因素
突发型污染事件
累积型污染事件
突发环境事故起因
生产安全次生突发环境事件
交通运输次生突发环境事件
自然灾害次生突发环境事件
违法排污突发环境事件
受污染环境
生态破坏事件
土壤污染事件
水体污染事件
辐射污染事件
SO2
群体性事件
大气污染事件
海洋污染事件

交通运输次生突发环境事件、自然灾害次生突发环境事件及违法排污突发环境事件等。近十年，因安全生产事故和交通运输产生的次生突发环境事件占比超过 70%，是突发环境事件的主要类型。

5. 我国突发环境事件基本情况如何？

2009—2018 年，受生态环境部直接调度的突发环境事件共 1 144 起，重大及以上突发环境事件 40 起，较大突发环境事件 133 起，其余均为一般突发环境事件。近几年，每年突发环境事件数量约 300 起，重大及以上突发环境事件 1 ～ 2 起。突发环境事件数量总体呈下降趋势，但越发呈现出高度复杂性和不确定性，涉化工类安全事故进入集中暴发期，引发次生性突发环境事件持续上升。突发环境事件诱因日趋复合化，导致环境风险预警防范异常困难。信息传播渠道呈多元和多样化，对突发环境事件的社会影响作用凸显。

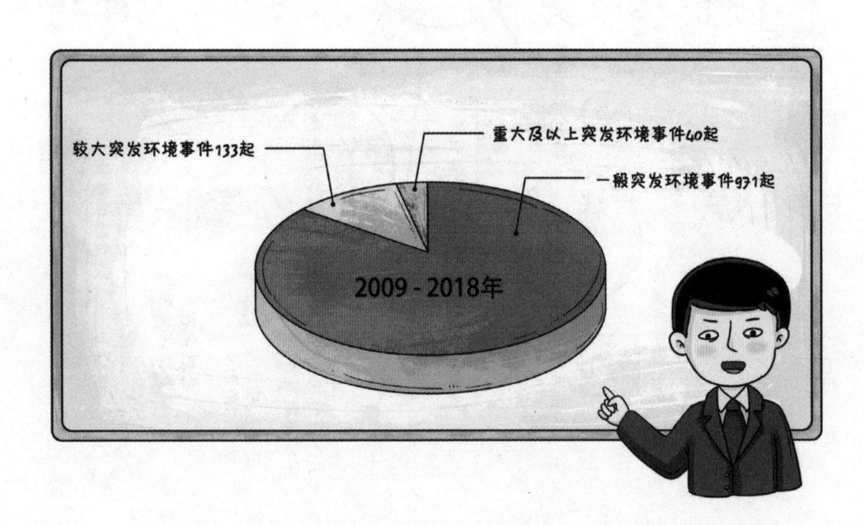

6. 突发环境事件应急响应如何分级？

根据突发环境事件的严重程度和发展态势，将应急响应设定为Ⅰ级、Ⅱ级、Ⅲ级和Ⅳ级四个等级。初判发生特别重大、重大突发环境事件，分别启动Ⅰ级、Ⅱ级应急响应，由事发地省级人民政府负责应对工作；初判发生较大突发环境事件，启动Ⅲ级应急响应，由事发地设区的市级人民政府负责应对工作；初判发生一般突发环境事件，启动Ⅳ级应急响应，由事发地县级人民政府负责应对工作。

突发环境事件发生在易造成重大影响的地区或重要时段时，可适当提高响应级别。应急响应启动后，可视事件损失情况及其发展趋势调整响应级别，避免响应不足或响应过度。

当发生突发环境事件后，需要对突发环境事件进行响应，响应

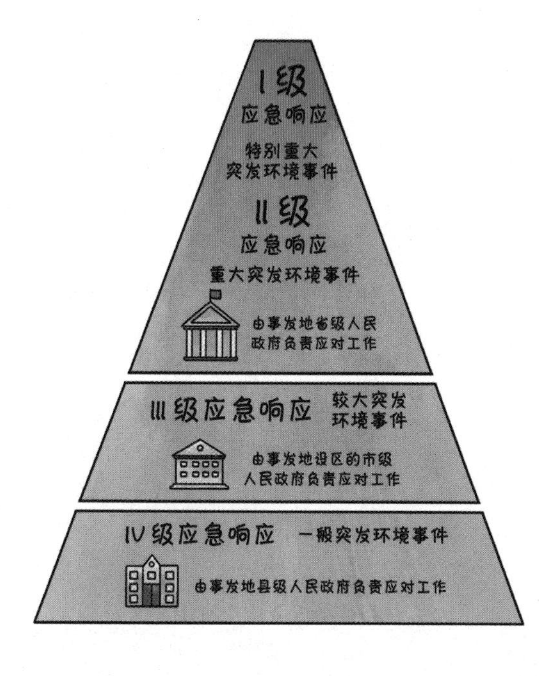

措施主要包括现场污染处置、转移安置人员、医学救援、应急监测、市场监管和调控、信息发布和舆论引导、维护社会稳定、国际通报和援助。

7. 突发环境事件应急响应等级与事件分级有何不同？

突发环境事件应急响应等级是指政府启动应急预案的响应级别，突发环境事件分级是指事件的级别，两者有一定的关联性。突发环境应急响应等级根据突发环境事件分级标准初步判断事件等级，启动相对应的应急响应等级。突发环境事件分级是应急响应结束后，参考分级标准最终确定该事件的等级。应急响应启动后，响应等级可高于事件等级，也可视事件损失情况及其发展趋势调整响应级别。

第二部分 污染物的危害与环境行为

8. 石油类污染物有哪些危害?

石油的原油属低毒类物质，接触限值为10 mg/m^3，可以通过吸入、食入、皮肤吸收。当吸入大量的石油蒸气时，还能引起人的神经麻痹。

石油是一种混合物，含有很多有毒物质。例如，含有的硫化氢、苯和汽油、煤油等烃类，均可引起急性中毒或者慢性中毒，甚至导致再生障碍性贫血、癌症或者直接导致人员死亡。工作中吸入、误服或经皮肤接触一定时间以后出现中毒症状。使人慢性中毒或感染慢性病的石油成分，称为低毒油料，包括煤油、柴油、燃料油、石油沥青类，以及含有毒添加剂的润滑油等。矿物油和添加剂对人体有刺激、麻醉、腐蚀、致癌作用。例如，皮肤长时间接触煤油有灼热感，出现红斑、疱症；长时间接触汽油、柴油会引起皮肤干燥、皲裂及变红。石油沥青是原油蒸馏后的残渣，根据提炼程度的不同，在常温下呈液体、半固体或固体状态。沥青中含有各种有机挥发物，这些物质能刺激人体。

9. 硝基苯有哪些危害与环境行为?

硝基苯是有机合成的原料，最重要的用途是生产苯胺染料，还是重要的有机溶剂。环境中的硝基苯主要来自化工厂、染料厂的废水、废气，尤其是苯胺染料厂排出的污水中含有大量硝基苯。贮运过程中的意外事故也会造成硝基苯的严重污染。

健康危害：主要引起高铁血红蛋白血症，还可引起溶血及肝损害。

急性中毒：有头痛、头晕、乏力、皮肤黏膜紫绀、手指麻木等症状；严重时可出现胸闷、呼吸困难、心悸，甚至心律紊乱、昏迷、抽搐、呼吸麻痹。有时在中毒后还会出现溶血性贫血、黄疸、中毒性肝炎。

慢性中毒：可出现神经衰弱综合征；慢性溶血时，可出现贫血、黄疸；还可引起中毒性肝炎。

硝基苯在水中具有极高的稳定性。由于其密度大于水，进入水体的硝基苯会沉入水底，长时间保持不变。又由于其在水中有一定的溶解度，所以造成的水体污染会持续相当长的时间。硝基苯的沸点较高，自然条件下的蒸发速度较慢，与强氧化剂反应生成对机械震动很敏感的化合物，能与空气形成爆炸性混合物。在环境中的硝基苯会散发出刺鼻的苦杏仁味。80℃以上其蒸气与空气的混合物具爆炸性，倾倒在水中的硝基苯以黄绿色油状物沉在水底。当浓度为5 mg/L时，被污染水体呈黄色，有苦杏仁味。当浓度达100 mg/L时，水几乎是黑色的，并分离出黑色沉淀。当浓度超过33 mg/L时可造成鱼类及水生生物死亡。

危险特性：遇明火、高热或与氧化剂接触，有引起燃烧、爆炸的危险。与硝酸反应强烈。

10. 苯酚有哪些危害与环境行为？

苯酚用于生产或制造炸药、肥料、焦炭、照明器、灯黑、涂料、橡胶、石棉品、木材防腐剂、合成树脂、纺织物、药品、药物制剂、香水、酚醛塑料和其他塑料，以及聚合物的中间体。也可在石油、制革、造纸、肥皂、玩具、墨水、农药、香料、染料等行业中使用。在医药上用作消毒剂、杀虫剂、止痒剂等。在实验室中用作溶剂、试剂。

健康危害：苯酚对皮肤、黏膜有强烈的腐蚀作用，可抑制中枢神经或损害肝、肾功能。

急性中毒：吸入高浓度蒸气可致头痛、头晕、乏力、视物模糊、肺水肿等。误服会引起消化道灼伤，出现烧灼痛，呼出气带酚味，呕吐物或大便可带血液，有胃肠穿孔的可能，可出现休克、肺水肿、肝或肾损害，出现急性肾功能衰竭，可死于呼吸衰竭。眼接触可致灼伤。可经灼伤皮肤吸收，经一定潜伏期后引起急性肾功能衰竭。

慢性中毒：可引起头痛、头晕、咳嗽、食欲减退、恶心、呕吐，严重者引起蛋白尿。可致皮炎。

毒性：属高毒类。

笨酚在微生物和光解的作用下，在环境中分解较快。生物富集程度很低。

危险特性：遇明火、高热或与氧化剂接触有引起燃烧、爆炸的危险。

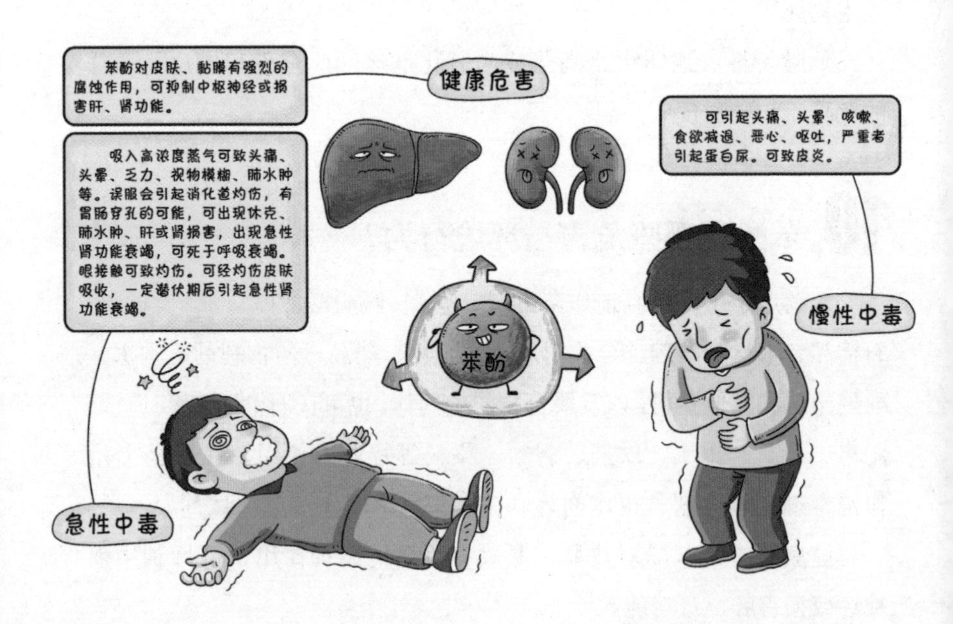

11. 苯胺有哪些危害与环境行为？

生产苯胺的有有机化工厂、焦化厂及石油冶炼厂等企业，使用苯胺的行业有染料合成、制药、印染，以及橡胶促凝剂和防老化剂、打印油墨、2, 4, 6-三硝基苯甲硝铵、光学涂白剂、照相显影剂、树脂、香料、轮胎抛光剂及许多其他有机化学品的制造行业等。在这些生产和使用苯胺的行业中，以及在贮运过程中的意外事故均会造成对环境的污染和对人体的危害。

健康危害：苯胺的毒害作用主要是形成的高铁血红蛋白所致，造成组织缺氧，引起中枢神经系统、心血管系统或其他脏器损害。

急性中毒：中毒者口唇、指端、耳廓发绀，有恶心、呕吐、手指发麻、精神恍惚等症状；重度中毒者，皮肤、黏膜严重青紫，出现心悸、呼吸困难、抽搐甚至昏迷、休克；重者可出现溶血性黄疸、中毒性肝炎、中毒性肾损伤。

慢性中毒：患者有神经衰弱综合征表现，伴有轻度发绀、贫血和肝、脾肿大。皮肤接触可发生湿疹。

毒性：中等毒性。

危险特性：遇高热、明火或与氧化剂接触，有引起燃烧的危险。

12. 砷有哪些危害与环境行为？

砷的污染来源为矿山开采、染料、制革、制药、农药等废渣或废水，以及因泄漏、火灾等意外事故而产生的污染。

健康危害：吸入、食入、经皮吸收。口服砷化合物可引起急性胃肠炎、休克、周围神经病、中毒性心肌炎、肝炎，以及抽搐、昏迷等，甚至死亡。大量吸入亦可引起消化系统症状、肝肾损害，皮肤色素沉着、角化过度或疣状增生，多发性周围神经炎。

砷的化合物种类很多，有固体、液体、气体三种形态。固体的有三氧化二砷（砒霜）、二硫化二砷（雄黄）、三硫化二砷（雌黄）和五氧化二砷等；液体的有三氯化砷等；气体的有砷化氢、甲基砷等。一般砷的化合物以 +5、+3、0、−3 四种价态存在。金属砷只在少数情况下产生，As^{3-} 是在氧化还原电位最低时生成。共价化合物 AsS 在低 pH 和稍低氧化还原电位时是稳定的。无机砷化合物经生物甲基化作用转变成烷基砷。

砷的化合物均有剧毒。

有机砷化合物大多数具有砷化氢的衍生结构或为偏亚砷酸衍生结构的固态或液态化合物，有机砷化合物的毒性都很强，有刺激性，可影响细胞的新陈代谢，即使是极稀的浓度也会产生严重的炎症及坏死，除发生眼睛、鼻、呼吸道、黏膜和角膜等的炎症外，也发生外表皮的炎症。脂肪族砷化合物特别是二甲砷基系有强烈的刺激性、毒性及难闻的气味，但高级脂肪族砷化合物的气味较难闻，三价砷较五价砷的毒性强，芳香族砷化合物虽有难闻的臭味和强烈的刺激性，但毒性较弱。

砷比汞、铅等更容易发生水流迁移，其迁移去向是经河流到海洋。砷的沉积迁移是砷从水体析出转移到底质中，包括吸附到黏粒上共沉淀和进入金属离子的沉淀中。生物可以蓄集砷。砷一般都积累在表层，向下迁移困难。

13. 镉有哪些危害与环境行为？

镉污染主要存在于印染、农药、陶瓷、摄影、矿石开采、冶炼等行业。镉在人体内有积蓄作用，潜伏期可长达 10 ～ 30 年。

健康危害：吸入镉燃烧形成的氧化镉烟雾，可引起急性肺水肿和化学性肺炎。个别病例可伴有肝、肾损害。对眼有刺激性。用镀镉器调制或贮存酸性食物或饮料，食入后可引起急性中毒症状，如恶心、呕吐、腹痛、腹泻、大汗、虚脱，甚至抽搐、休克。长期吸入较高浓度的镉可引起职业性慢性镉中毒。临床表现有肺气肿、嗅觉丧失、牙釉黄色环、肾损害、骨软化症等。

人吸入时的急性中毒可产生肺损害，出现急性肺水肿和肺气肿，以及肾皮质坏死。在工业接触中，可见到的两种镉中毒是肺障碍病症和肾功能不良。长期摄入微量镉，通过器官组织的累积还会引起骨痛病，这种病曾在欧洲出现过，而日本神通川流域由于镉污染引起的骨痛病更是举世皆知。

大量的研究工作表明，水体悬浮物和水底沉积物对镉表现出较强的亲和力，因此悬浮物和底质沉积物中含镉量很高，可占水体总含量的 90% 以上。天然水体中的镉污染物大部分存在于固相。水生生物有很强的富镉能力。镉在水体中的迁移能力取决于镉的存在形态和所处的环境化学条件，就其形态而言，迁移能力顺序如下：离子态＞络合态＞难溶悬浮态；就环境化学条件而论，酸性环境能使镉的难溶态溶解、络合态离解，因而以离子态存在的镉多利于迁移。相反，碱性条件下镉容易生成多种类型沉淀，影响镉的水流迁移。随水流迁移到土壤中的镉，可被土壤吸附。吸附的镉一般在 0 ～ 15 cm 的土壤表层累积，15 cm 以下土层含量显著减少。

危险特性：其粉体遇高热、明火能燃烧，甚至爆炸。

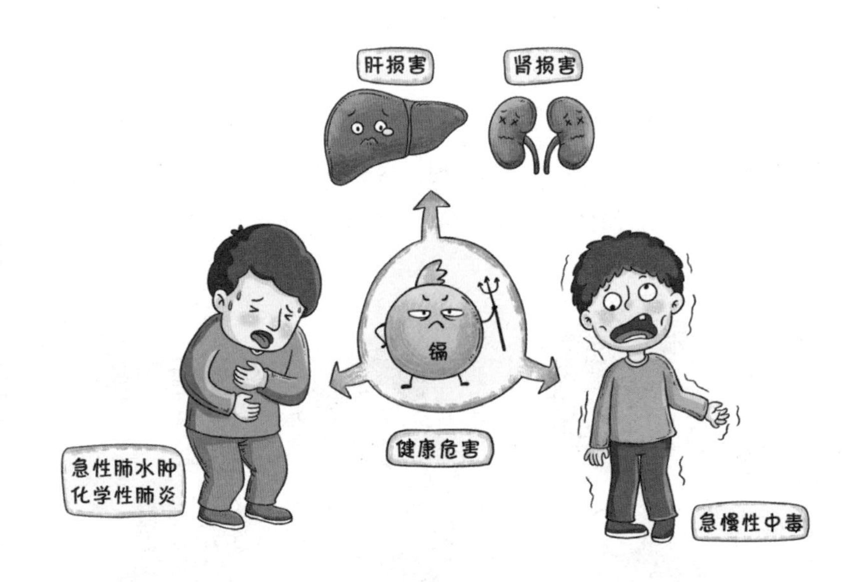

14. 铬有哪些危害与环境行为？

铬的污染源有含铬矿石的加工、金属表面处理、皮革鞣制、印染等排放的污水。铬的毒性与其存在的价态有关，六价铬比三价铬毒性高100倍，并易被人体吸收且在体内累积。三价铬和六价铬可以相互转化。

健康危害：金属铬对人体几乎不产生有害作用，进入人体的铬被积存在人体组织中，代谢和被清除的速度缓慢。铬进入血液后，主要与血浆中的铁球蛋白、白蛋白、r-球蛋白结合，六价铬还可透过红细胞膜，15 min 内可以有 50% 的六价铬进入细胞，进入红细胞后与血红蛋白结合。铬的代谢物主要从肾排出，少量经粪便排出。六价铬对人体主要是慢性毒害，它可以通过消化道、呼吸道、皮肤和黏膜侵入人体，在体内主要积聚在肝、肾和内分泌腺中。通过呼吸道进入的铬则易积存在肺部。六价铬有强氧化作用，所以慢性中毒往往以局部损害开始逐渐发展到全身。经呼吸道侵入人体时，开始侵害上呼吸道，引起鼻炎、咽炎和喉炎、支气管炎。

六价铬污染严重的水通常呈黄色，根据黄色深浅程度不同可初步判定水受污染的程度。刚出现黄色时，六价铬的浓度为 2.5 ～ 3.0 mg/L。

危险特性：其粉体遇高温、明火能燃烧。

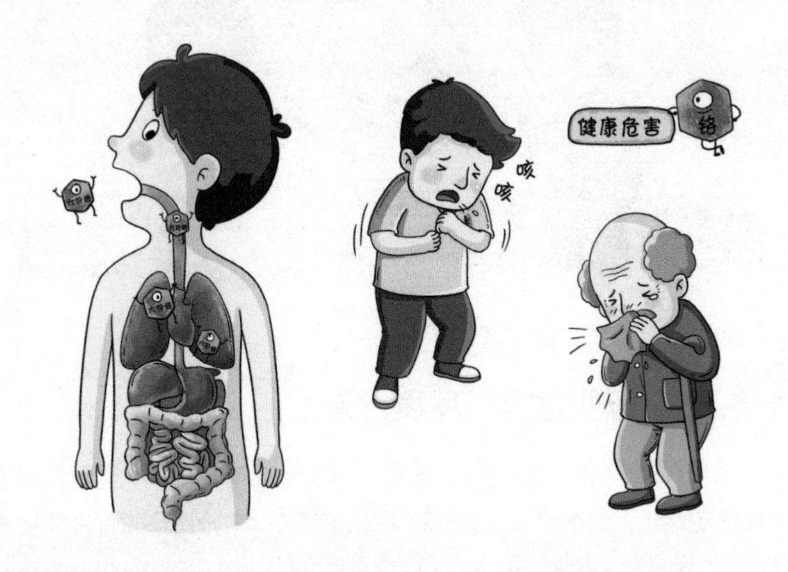

15. 铅有哪些危害与环境行为？

铅的工业污染来自矿山开采、冶炼、橡胶、染料、印刷、陶瓷、铅玻璃、焊锡、电缆及铅管等生产废水和废弃物。另外，汽车排气中的四乙基铅是剧毒物质。水体受铅污染时（Pb 浓度为 0.3 ～ 0.5 mg/L），明显抑制水的自净作用，Pb 浓度为 2 ～ 4 mg/L 时，水即呈浑浊状。

健康危害：损害造血系统、神经系统、消化系统及肾脏。职业中毒主要为慢性。神经系统损害主要表现为神经衰弱综合征、周围神经病（以运动功能受损较明显），重者出现铅中毒性脑病。消化系统损害表现有齿龈铅线、食欲不振、恶心、腹胀、腹泻或便秘，腹绞痛见于中等及较重病例。造血系统损害出现卟啉代谢障碍、贫血等。短时间接触大剂量可发生急性或亚急性铅中毒，表现类似重症慢性铅中毒。

铅以无机物或粉尘形式吸入人体或通过水、食物经消化道侵入人体后，累积于骨髓、肝、肾、脾和大脑等处“储存库”，以后慢慢放出，进入血液，引起慢性中毒（急性中毒较少见）。铅对全身都有毒性作用，但以神经系统、血液和心血管系统为甚。烷基铅类化合物为易燃液体，为神经性毒物，剧毒。急性中毒时可引起兴奋、肌肉震颤、痉挛及四肢麻痹。

环境中的无机铅及其化合物十分稳定，不易代谢和降解。铅对人体的毒害是积累性的，人体吸入的铅25%沉积在肺里，部分通过水的溶解作用进入血液。若一个人持续接触的空气中含铅量为1 μg/m^3，则人体血液中的铅的含量水平为1～2 μg/100mL血。从食物和饮料中摄入的铅大约有10%被吸收。若每天从食物中摄入10 μg铅，则血液中含铅量为6～18 μg/100mL血，这些铅的化合物小部分可以通过消化系统排出，其中主要通过尿（约76%）和肠道（约16%），其余通过出汗、脱皮和脱毛发等以代谢的最终产物排出体外。

危险特性：粉体在受热、遇明火或接触氧化剂时会引起燃烧、爆炸。

16. 汞有哪些危害与环境行为？

汞用于仪表制造、电工技术和各种仪器的生产，各种汞化合物用于化学、化学制药、木材加工、造纸等工业，化学毒剂、颜料、爆竹的制造及金属电镀有机合成的过程中也常使用汞。此外，汞选矿厂的废水和生产蓄电池等工业废水中也往往有高含量的汞，从而造成中毒事件。

急性中毒：中毒者有头痛、头晕、乏力、多梦、发热等全身症状，并有明显的口腔炎表现。可有食欲不振、恶心、腹痛、腹泻等。部分中毒者皮肤出现红色斑丘疹，少数严重者可发生间质性肺炎及肾脏损伤。

慢性中毒：最早出现头痛、头晕、乏力、记忆减退等神经衰弱

综合征；出现汞毒性震颤；另外可有口腔炎，少数病人有肝、肾损伤。

随饮水进入人体和动物体内的汞及其化合物毒性很大，因为肠道对汞及其化合物吸收很快，并可随血液进入器官和组织中，进而引起剧烈的全身性的毒性作用。随饮水进入成年人人体内的致死量为 75 ～ 100 mg/d。二价汞或氧化汞（俗称升汞）的毒性特别大，因为它们易溶于类脂化合物中并很快进入组织。烷基汞比无机汞的毒性更大。工业上长期接触汞或长期生活在受汞污染的环境中可引起慢性中毒，从而发生脑皮质萎缩和中枢及末梢神经脱髓鞘，临床上有精神、表情和运动障碍，口腔黏膜发生溃疡性炎症。日本所发生的水俣病，就是一种中毒性神经疾病，是工业污染引起的有机汞中毒事件。

危险特性：常温下有蒸气挥发，高温下能迅速挥发。与氯酸盐、硝酸盐、热硫酸等混合可发生爆炸。

17. 镍有哪些危害与环境行为？

镍和镍合金广泛应用于化工、制碱、冶金、石油等行业中的压力容器、换热器、塔器、蒸发器、搅拌器、冷凝器、反应器和储运器等。镍在许多有机酸中也很稳定，可用于制药和食品工业。

健康危害：可引起镍皮炎，又称镍“痒疹”。皮肤剧痒，后出现丘疹、疱疹及红斑，重者化脓、溃烂。长期吸入镍粉可致呼吸道刺激、慢性鼻炎，甚至发生鼻中隔穿孔。可引起变态反应性肺炎、支气管炎、哮喘。

金属镍几乎没有急性毒性，一般的镍盐毒性也较低，但羰基镍却能产生很强的毒性。羰基镍以蒸气形式迅速由呼吸道吸收，也能由皮肤少量吸收，前者是作业环境中毒物侵入人体的主要途径。羰基镍在浓度为 3.5 μg/m^3 时就会使人闻到有如灯烟的臭味，低浓度时人有不适感。吸入羰基镍后可引起急性中毒，10 min 左右就会出现初期症状，如头晕、头疼、步态不稳，有时恶心、呕吐、胸闷；后期症状是在接触 12 ～ 36 h 后再次出现恶心、呕吐、高烧、呼吸困难、胸部疼痛等。接触高浓度羰基镍时发生急性化学性肺炎，最终出现肺水肿和呼吸道循环衰竭而致死亡。接触致死量 4 ～ 11 d 后死亡。人的镍中毒特有症状是皮肤炎、呼吸器官障碍及呼吸道癌。

危险特性：其粉体化学活性较高，暴露在空气中会发生氧化反应，甚至自燃。遇强酸反应，放出氢气。粉尘可燃，能与空气形成爆炸性混合物。

18. 钼有哪些危害与环境行为？

钼主要用于冶金、电子、导弹和航天、原子能、化学等工业行业以及农业。钼在地壳中的平均丰度为 1.3×10^{-6}，多存在于辉钼矿、钼铅矿、水钼铁矿中。

健康危害：对眼睛、皮肤有刺激作用。部分接触者出现尘肺病变，有自觉呼吸困难、全身疲倦、头晕、胸痛、咳嗽等症状。

危险特性：其粉体遇高热、明火能燃烧甚至爆炸。与氧化剂能发生强烈反应。

19. 锑有哪些危害与环境行为？

锑和含锑金属冶炼或煤矿开采，以及在其他工艺应用锑或其化合物时，都能产生含锑元素或其化合物的废气、废水和废渣污染环境。

在矿物燃烧或冶炼过程中，锑以蒸气或粉尘的形式进入大气。水中锑来自含锑岩石的溶解、含锑工业废水的排放，以及含锑的降雨等。水渗入土壤也会使其污染。锑富集于水中含量达到 3×10^{-6} 时开始对藻类产生毒害，达到 12×10^{-6} 时对鱼类产生毒害。人体内平均含锑 5.8 mg，大部分来自餐具、陶瓷釉等。

健康危害：锑对黏膜有刺激作用，可引起内脏损害。

急性中毒：接触较高浓度锑可引起化学性结膜炎、鼻炎、咽炎、喉炎、支气管炎、肺炎。口服可引起急性胃肠炎。全身症状有疲乏无力、头晕、头痛、四肢肌肉酸痛。可引起心、肝、肾损害。

慢性影响：常出现头痛、头晕、易兴奋、失眠、乏力、胃肠功能紊乱、黏膜刺激等症状。可引起鼻中隔穿孔。在锑冶炼过程中可引起锑尘肺。对皮肤有明显的刺激作用和致敏作用。

危险特性：遇明火、高热可燃。粉体与空气可形成爆炸性混合物，当达到一定浓度时，遇火星会发生爆炸。与硝酸铵、二氟化溴、三氮化溴、氯酸、氧化氯、三氟化氯、硝酸、硝酸钾、高锰酸钾、过氧化钾接触能引起反应。

20. 铊有哪些危害与环境行为?

铊是一种稀散元素，以微量存在于铁、锌等硫化物矿中。在铊的冶炼厂、火力发电厂以及各种含铊材料、药剂的制造过程中会有含铊的废气、废水、废渣进入环境。铊化合物极毒，具有累积性，为强烈的神经毒物，并可引起肝脏及肾脏的损害。一价铊毒性较三价铊小。急性铊中毒多数为非职业性中毒，由于误服、使用铊化合物药物或其他原因引起。急性职业中毒主要为吸入铊烟尘、蒸气所致。

健康危害：为强烈的神经毒物，对肝、肾有损害作用。吸入、口服可引起急性中毒；可经皮肤吸收。

急性中毒：口服出现恶心、呕吐、腹部绞痛、厌食等。3～5 d后出现多发性颅神经和周围神经损害。出现感觉障碍及上行性肌麻痹。中枢神经损害严重者，可发生中毒性脑病。脱发为其特异表现。皮肤出现皮疹，指（趾）甲有白色横纹。可引起肝、肾损害。

慢性中毒：主要症状有神经衰弱综合征、脱发、胃纳差。可引起周围神经病、球后视神经炎。可发生肝损害。

危险特性：微细粉末遇热源和明火有燃烧、爆炸的危险。与氧剧烈反应。

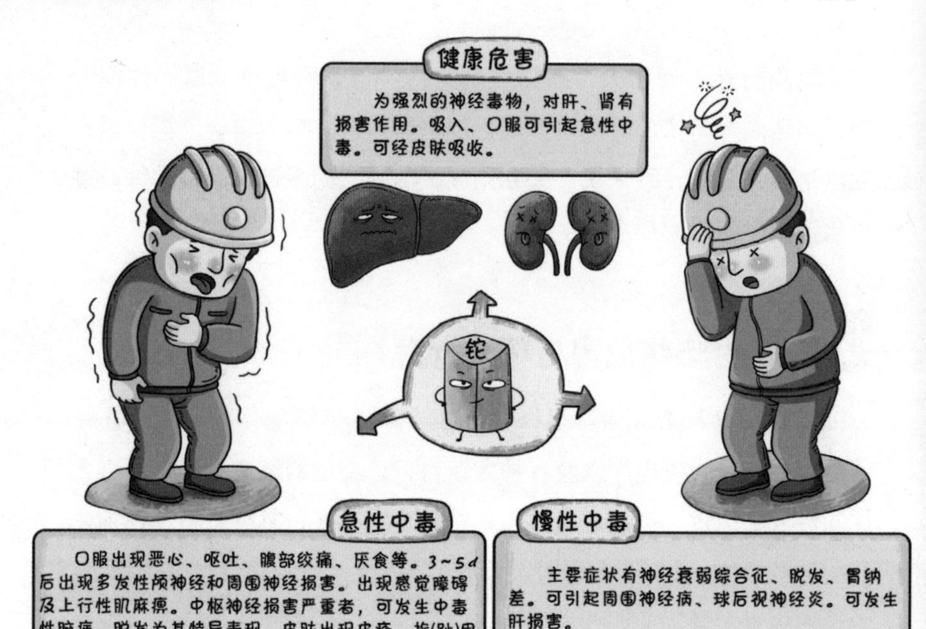

21. 氰化物有哪些危害与环境行为？

氰化物是剧毒物质，其污染事故常发生于电镀、炼金、热处理、煤气、焦化、制革、有机玻璃、苯、甲苯、二甲苯，以及农药等的生产过程中。

健康危害：抑制呼吸酶，造成细胞内窒息。吸入、口服或经皮肤吸收均可引起急性中毒。口服 50 ～ 100 mg 即可引起猝死。非骤死者临床分为四期：前驱期有黏膜刺激、呼吸加快加深、乏力、头痛，口服有舌尖、口腔发麻等；呼吸困难期有呼吸困难、血压升高、皮肤黏膜呈鲜红色等；惊厥期出现抽搐、昏迷、呼吸衰竭；麻痹期全身肌肉松弛，呼吸心跳停止而死亡。长期接触少量氰化物可出现神经衰弱综合征、眼及上呼吸道刺激。可引起皮疹。

毒性：高毒类。

游离氰基在体内主要代谢途径是在硫氰化酶（或β巯基丙酮酸转硫酶）的催化作用下，与硫起加成反应，转变成毒性很低的SCN（只有CN^-毒性的1/200），然后由尿、唾液、汗液等排出体外。

自然界对氰化物的污染有很强的净化作用，因此，一般来说外源氰不易在环境和机体中累积。只有在特定条件下（如事故排放、高浓度持续污染等），氰的污染量超过环境的净化能力时，才能在环境中残留、蓄积，从而构成对人和生物的潜在危害。

危险特性：不燃。与硝酸盐、亚硝酸盐、氯酸盐反应剧烈，有发生爆炸的危险。遇酸会产生剧毒、易燃的氰化氢气体。在潮湿空气或二氧化碳中即缓慢发出微量氰化氢气体。

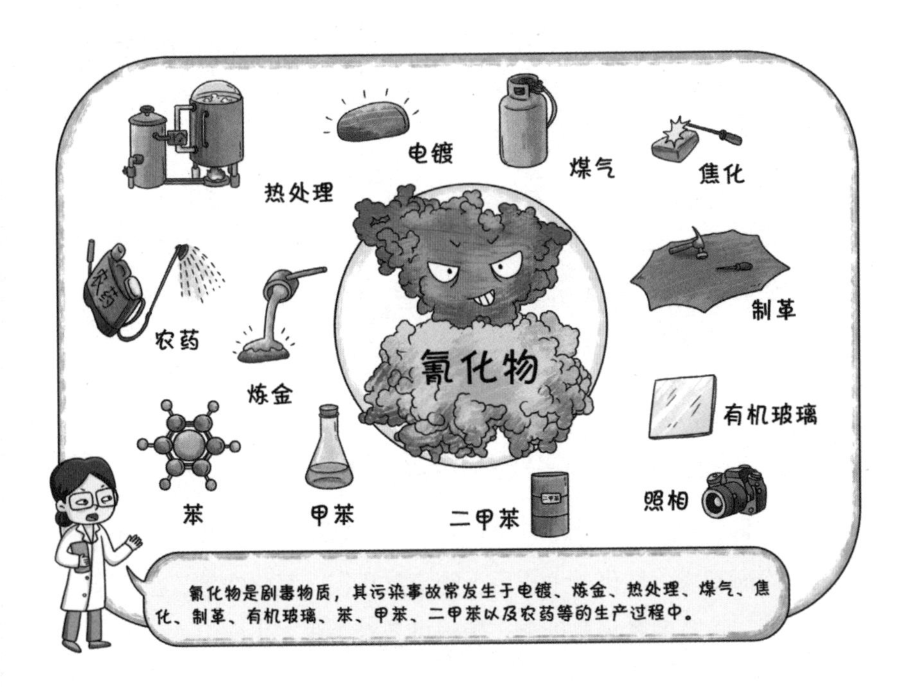

22. 硫酸有哪些危害与环境行为？

硫酸的原料有硫黄、硫铁矿、有色金属冶炼烟气、石膏、硫化氢、二氧化硫和废硫酸等。硫黄、硫铁矿和有色金属冶炼烟气是三种主要原料，用于制造硫酸铵、磷酸、硫酸铝合成药物、合成染料、合成洗涤剂和金属酸洗剂。

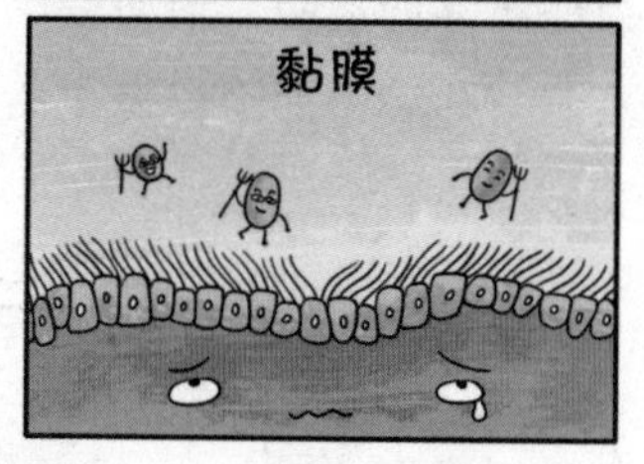

健康危害：对皮肤、黏膜等组织有强烈的刺激和腐蚀作用。对眼睛可引起结膜炎、水肿、角膜混浊，以致失明；引起呼吸道刺激症状，重者发生呼吸困难和肺水肿；高浓度可引起喉痉挛或声门水肿而死亡。慢性影响有牙齿酸蚀症、慢性支气管炎、肺气肿和肺硬化。

毒性：属中等毒性。

危险特性：与易燃物（如苯）和有机物（如糖、纤维素等）接触会发生剧烈反应，甚至引起燃烧。能与一些活性金属粉末发生反应，放出氢气。遇水大量放热，可发生沸溅。具有强腐蚀性。

23. 盐酸有哪些危害与环境行为？

盐酸即氯化氢可由氯和氢直接合成，或是使氯及水蒸气通过燃烧的焦炭而制成。氯化氢主要用于制造氯化钡、氯化铵等，在冶金、染料制造、皮革的鞣制及染色、纺织以及有关化工生产中亦常用。

健康危害：对眼和呼吸道黏膜有强烈的刺激作用。

急性中毒：可出现头痛、头昏、恶心、眼痛、咳嗽、痰中带血、声音嘶哑、呼吸困难、胸闷、胸痛等症状。重者可发生肺炎、肺水肿、肺不张。眼角膜可见溃疡或混浊。皮肤直接接触可出现大量粟粒样红色小丘疹而呈潮红痛热。

慢性影响：长期较高浓度接触，可引起慢性支气管炎、胃肠功能障碍及牙齿酸蚀症。

危险特性：无水氯化氢无腐蚀性，但遇水时有强腐蚀性。能与一些活性金属粉末发生反应，放出氢气。遇氰化物能产生剧毒的氰化氢气体。

24. 二氯甲烷有哪些危害与环境行为？

二氯甲烷是一种广泛使用的有机溶剂，微溶于水、易溶于乙醚和乙醇，在常温下易挥发，使用稍有不慎就可发生中毒。许多常用的试剂中均含有二氯甲烷，如各种油漆、涂料、家具上光剂和清洁剂、头发定型剂、家用空气清洁剂、除臭剂、皮鞋上光剂和清洁剂等。2017年10月27日，世界卫生组织国际癌症研究机构经初步整理参考，将二氯甲烷列入2A类致癌物清单中。2019年1月23日，二氯甲烷被列入《有毒有害大气污染物名录（2018年）》，2019年7月23日，二氯甲烷被列入《有毒有害水污染物名录（第一批）》。

健康危害：有麻醉作用，主要损害中枢神经和呼吸系统。人类接触的主要途径是吸入。已经测得，在室内的生产环境中，当使用二氯甲烷作除漆剂时，有高浓度的二氯甲烷存在。一般人群通过周围空

气、饮用水和食品的接触，剂量要低得多。据估计，全世界二氯甲烷产量约80%被释放到大气中去，但是由于该化合物光解的速率很快，使之不可能在大气中累积。其初始降解产物为光气和一氧化碳，进而再转变成二氧化碳和盐酸。当二氯甲烷存在于地表水中时，其大部分将蒸发。有氧存在时，则易于生物降解，因此生物累积可能性不大。对其在土壤中的行为尚需测定。

毒性：经口属中等毒性。

危险特性：遇明火、高热可燃。受热分解能发出剧毒的光气。若遇高热，容器内压增大，有开裂和爆炸的危险。

25. 甲醛有哪些危害与环境行为？

甲醛可直接用作消毒、杀菌、防腐，35%～40%的甲醛水溶液俗称福尔马林，广泛用于浸制生物标本、给种子消毒等，在食品行业中也用于水产品等不易储存的食品的防腐。甲醛的自然排放源主要有森林火灾释放、动物排泄物释放、微生物活动释放及植物挥发等，人为排放源包括建筑材料、装饰物、烟叶和燃料不完全燃烧、工业生产、食物、衣物等。2017年10月27日，世界卫生组织国际癌症研究机构公布的致癌物清单将甲醛放在一类致癌物列表中。2019年7月23日，甲醛被列入《有毒有害水污染物名录（第一批）》。

健康危害：对黏膜、上呼吸道、眼睛和皮肤有强烈刺激性。接触其蒸气，可引起结膜炎、角膜炎、鼻炎、支气管炎；重者可发生喉痉挛、声门水肿和肺炎等。对皮肤有原发性刺激和致敏作用；其浓溶液可引起皮肤凝固性坏死。口服灼伤口腔和消化道，可致死。

慢性影响：长期低浓度接触甲醛蒸气，可出现头痛、头晕、乏力、两侧不对称感觉障碍和排汗过盛以及视力障碍。能抑制汗腺分泌，长期接触可致皮肤干燥皲裂。

甲醛是一种具强还原性的原生质毒素，进入人体器官后，能与蛋白质中的氨基结合生成所谓甲酰化蛋白而残留在体内，其反应速度受 pH、温度影响显著。进入人体的甲醛亦可能转化成甲酸，强烈刺激黏膜，并逐渐排出体外。

环境中甲醛的主要污染来源是有机合成、化工、染料、木材加工及制漆等行业排放的废水、废气等。某些有机化合物在环境中降解也产生甲醛，如氯乙烯。由于甲醛有强还原性，在有氧化性物质存在的条件下，能被氧化为甲酸。例如进入水体环境中的甲醛可被腐生菌氧化分解，因此能消耗水中的溶解氧。甲酸进一步的分解产物为二氧化碳和水。进入环境中的甲醛在物理、化学和生物等的共同作用下，被逐渐稀释、氧化和降解。

资料记载，工业企业区土壤中吸附的甲醛含量可达 180 ～ 720 mg/kg 干土。土壤的污染可导致地下水污染，水中甲醛含量可比表层土高出 10 ～ 20 倍。

甲醛在环境中颇稳定，当水中甲醛浓度为 5 mg/L 时（20℃），观察结果表明，5 d 内其浓度可以保持恒定。水中甲醛浓度＜ 20 mg/L 时，其可以被曝气池中经驯化的微生物降解消化。而浓度为 100 mg/L 时，能抑制微生物对有机物的氧化。当水中甲醛浓度为 500 mg/L 时，生物耗氧过程全部中止，水中微生物被杀死。

危险特性：其蒸气与空气形成爆炸性混合物，遇明火、高热能引起燃烧、爆炸。若遇高热，容器内压增大，有开裂和爆炸的危险。

26. 三氯甲烷有哪些危害与环境行为？

三氯甲烷是有机合成的重要原料，用于制作氟利昂、脂类、树脂、橡胶、油漆、磷和碘的溶剂。也用于合成纤维、塑料、干洗剂、杀虫剂、地板蜡、氟代烃冷冻剂、氟代烃塑料等的制造。医药行业还用作溶剂和萃取剂提取抗生素。在生产或使用三氯甲烷或在储运三氯甲烷时的意外事故均可能造成三氯甲烷对环境的污染。2017 年 10 月 27 日，世界卫生组织国际癌症研究机构经初步整理参考，将三氯甲烷列入 2B 类致癌物清单。2019 年 7 月 23 日，三氯甲烷被列入《有毒有害水污染物名录（第一批）》。

健康危害：主要作用于中枢神经系统，具有麻醉作用，对心、肝、肾有损害。

急性中毒：吸入或经皮肤吸收可引起急性中毒，初期有头痛、头晕、恶心、呕吐、兴奋、皮肤黏膜刺激等症状，以后呈现精神紊乱、呼吸表浅、反向消失、昏迷等，重者可发生呼吸麻痹、心室纤维性颤动，并可有肝、肾损害。误服中毒时，胃有烧灼感，伴有恶心、呕吐、腹痛、腹泻，后出现麻醉症状。

慢性中毒：主要引起肝脏损害，此外还有消化不良、乏力、头痛、失眠等症状，少数有肾损害。

毒性：属中等毒性。

人体吸入三氯甲烷蒸气后，60% ～ 80% 进入体内，血中三氯甲烷浓度与大脑中浓度相同，而在脂肪组织中的浓度则高出近 10 倍，这是由于三氯甲烷在小鼠、大鼠和人体中可迅速被吸收，主要分布于全身的脂肪储库和组织中。被吸收的三氯甲烷大部分被肝脏解毒，随尿排泄的极少。人体内的三氯甲烷 30% ～ 50% 可被代谢为二氯化碳和二氯甲烷。一般认为，存在于水环境中的三氯甲烷很难被生物降解。

生产甲烷系氯化烃的企业是三氯甲烷进入环境的经常性污染源。使用氯消毒的饮用水中存在的某些有机氯化合物（主要为三氯甲烷），其含量可达到对人们的健康产生危害的程度。饮用水氯化后能在水中形成卤素化合物，这是游离氯与天然有机化合物（腐殖酸、蛋白质、氨基酸、碳氢化合物、多糖等），或人造有机物（如高分子聚合物、凝结剂）作用的结果。有人经过对照试验后指出，当水中含有腐殖质时，过滤后加氯处理比混凝前加氯能减少三氯甲烷的产生。因此，自来水厂进行水处理时，先除去水中的悬浮物，再加氯处理能直接减少三氯甲烷的生成。

危险特性：与明火或灼热的物体接触时能产生剧毒的光气。在空气、水分和光的作用下，酸度增加，因此对金属有强烈的腐蚀性。

27. 三氯乙烯有哪些危害与环境行为？

三氯乙烯曾用作镇痛药和金属脱脂剂，可用作萃取剂、杀菌剂和制冷剂，以及衣服干洗剂。2017 年 10 月 27 日，世界卫生组织国际癌症研究机构经初步整理参考，将三氯乙烯列入一类致癌物清单。2019 年 7 月 23 日，三氯乙烯被列入《有毒有害水污染物名录（第一批）》。

健康危害：对中枢神经系统有麻醉作用。亦可引起肝、肾、心脏、三叉神经损害。

毒性：有蓄积作用。

危险特性：遇明火、高热能引起燃烧、爆炸。与强氧化剂接触可发生化学反应。受紫外光照射或在燃烧、加热时可分解产生有毒的光气和腐蚀性的盐酸烟雾。

28. 四氯乙烯有哪些危害与环境行为？

四氯乙烯可以添加到气溶胶、溶剂皂、印墨、黏合剂、密封剂、擦亮剂、润滑油和硅胶中。化工业、干洗业、纺织业和计算机制造业等是排放四氯乙烯的主要污染来源。2017 年 10 月 27 日，世界卫生组织国际癌症研究机构经初步整理参考，将四氯乙烯（全氯乙烯）列入 2A 类致癌物清单。2019 年 7 月 23 日，四氯乙烯被列入《有毒有害水污染物名录（第一批）》。

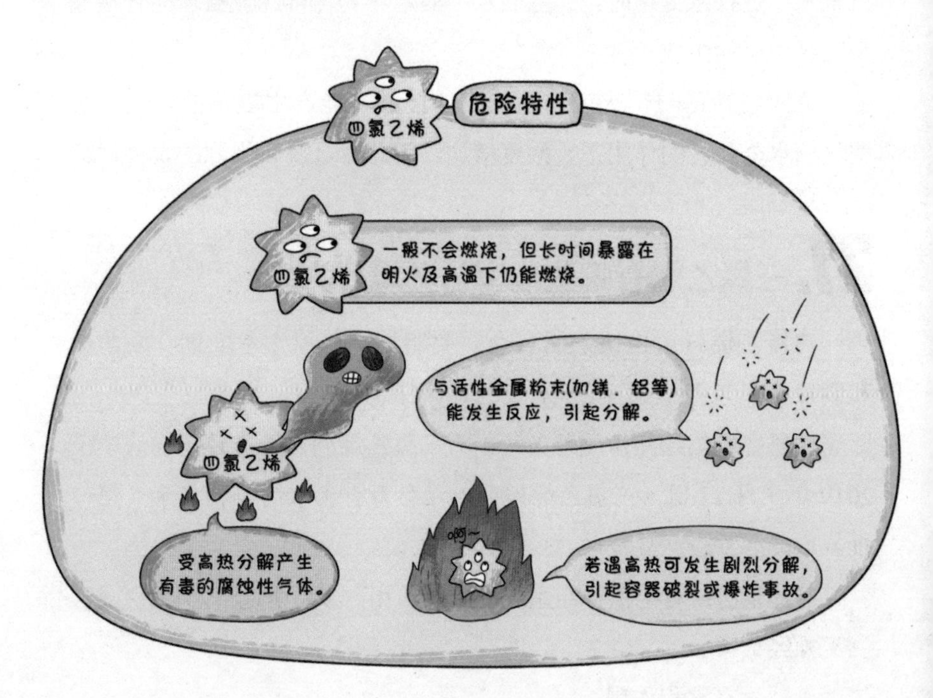

健康危害：有刺激和麻醉作用。吸入急性中毒者有上呼吸道刺激、流泪、流涎等症状。随之出现头晕、头痛、恶心、呕吐、腹痛、视力模糊、四肢麻木，甚至出现兴奋不安、抽搐乃至昏迷，可致死。

慢性中毒者有乏力、眩晕、恶心、酩酊感等。可有肝损害。皮肤反复接触可致皮炎和湿疹。

毒性：属中等毒类。

释放到周围大气中的大部分四氯乙烯，由于阳光作用而分解，形成氯化氢、三氯乙酸和二氧化碳之类的产物。地表水中的四氯乙烯迅速蒸发，在水中几乎不发生降解。该化合物在地下水中是稳定的。

危险特性：一般不会燃烧，但长时间暴露在明火及高温下仍能燃烧。受高热分解产生有毒的腐蚀性气体。与活性金属粉末（如镁、铝等）能发生反应，引起分解。若遇高热可发生剧烈分解，引起容器破裂或爆炸事故。

29. 乙醛有哪些危害与环境行为？

乙醛是优良的溶剂，用作金属表面处理剂，电镀、上漆前的清洁剂，金属脱脂剂和脂肪、油、石蜡的萃取剂，还可用于有机合成、农药的生产。2017 年 10 月 27 日，世界卫生组织国际癌症研究机构经初步整理参考，将与酒精饮料摄入有关的乙醛列入一类致癌物清单。

健康危害：低浓度可引起眼、鼻及上呼吸道刺激症状及支气管炎。高浓度吸入有麻醉作用，表现有头痛、嗜睡、神志不清及支气管炎、肺水肿、腹泻、蛋白尿、肝和心肌脂肪性变，可致死。误服会出现胃肠道刺激症状、麻醉作用及心、肝、肾损害。对皮肤有致敏性。反复接触其蒸气可引起皮炎、结膜炎。

慢性中毒：类似酒精中毒。表现有体重减轻、贫血、谵妄、视听幻觉、智力丧失和精神障碍。

毒性：属微毒类。

危险特性：极易燃，甚至在低温下的蒸气也能与空气形成爆炸性混合物，遇火星、高温、氧化剂、易燃物、氨、硫化氢、卤素、磷、强碱、胺类、醇、酮、酐、酚等有燃烧、爆炸的危险。在空气中久置后能生成具有爆炸性的过氧化物。受热可能发生剧烈的聚合反应。其蒸气比空气重，能在较低处扩散到相当远的地方，遇明火会引起回燃。

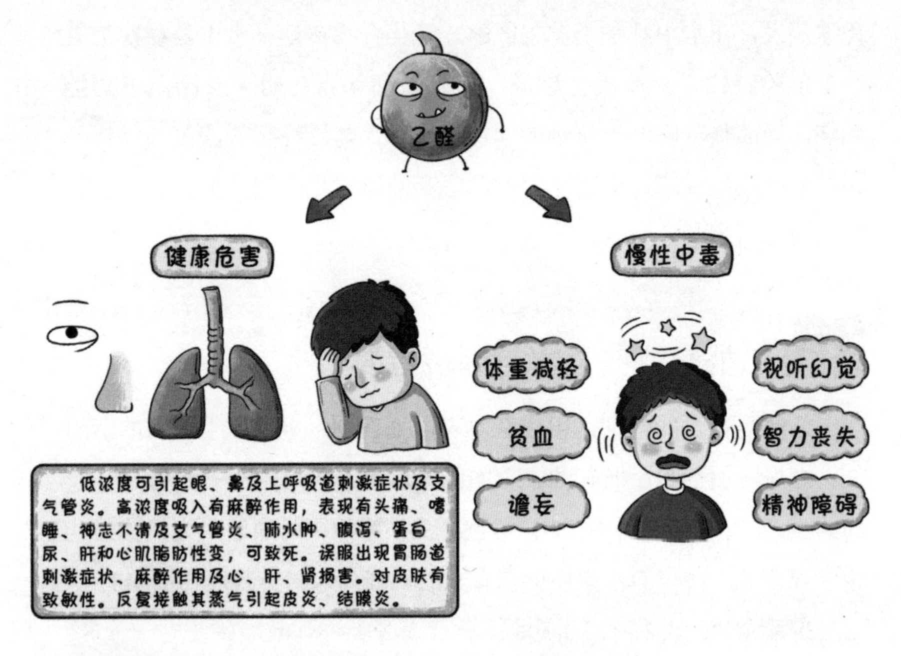

30. 硫化氢有哪些危害与环境行为？

硫化氢很少用于工业生产中，一般作为某些化学反应和蛋白质自然分解过程的产物以及某些天然物的成分和杂质，而经常存在于多种生产过程中以及自然界中。如采矿和有色金属冶炼，煤的低温焦化，含硫石油开采、提炼，以及橡胶、制革、印染、制糖等工业中都有硫化氢产生。开挖和整治沼泽地、沟渠、下水道、隧道以及清除垃圾、粪便等作业，还有天然气、火山喷气、矿泉中也常伴有硫化氢存在。

健康危害：强烈的神经毒物，对黏膜有强烈刺激作用。

危险特性：易燃，与空气混合能形成爆炸性混合物，遇明火、高热能引起燃烧、爆炸。与浓硝酸、发烟硫酸或其他强氧化剂剧烈反应，发生爆炸。气体比空气重，能在较低处扩散到相当远的地方，遇明火会引起回燃。

31. 氯气有哪些危害与环境行为？

氯多由食盐电解而得，主要用于冶金、造纸、纺织、染料、制药、农药、橡胶、塑料及其他化工生产的氯化工序，并用于制造漂白粉、光气、颜料，用以鞣皮以及饮用水的消毒等。在氯的制造或使用过程中，设备管道密闭不严或检修时均可接触到氯。液氯灌注、运输和贮存时，若钢瓶口密封不良或有故障，可有大量氯气逸散。生产管理不良，也可造成大气污染。

健康危害：侵入途径为吸入。对眼、呼吸道黏膜有刺激作用。

急性中毒：轻者有流泪、咳嗽、咳少量痰、胸闷、气管炎的表现；中度中毒发生支气管肺炎或间质性肺水肿，病人除有上述症状的加重外，还可出现呼吸困难、轻度紫绀等；重者发生肺水肿、昏迷和休克，可出现气胸、纵隔气肿等并发症。吸入极高浓度的氯气，可引起迷走神经反射性心跳骤停或喉头痉挛而发生“电击样”死亡。皮肤接触液氯或高浓度氯，在暴露部位可有灼伤或急性皮炎。

慢性中毒：长期低浓度接触，可引起慢性支气管炎、支气管哮喘等；可引起职业性痤疮及牙齿酸蚀症。

毒性：属高毒类，是一种强烈的刺激性气体。

危险特性：不燃烧，但可助燃。一般可燃物大都能在氯气中燃烧，一般易燃气体或蒸气也都能与氯气形成爆炸性混合物。氯气能与许多化学品如乙炔、松节油、乙醚、氨、燃料气、烃类、氢气、金属粉末等猛烈反应发生爆炸或生成爆炸性物质。几乎对金属和非金属都有腐蚀作用。

32. 一氧化碳有哪些危害与环境行为？

一氧化碳污染主要源于冶金工业的炼焦、炼钢、炼铁、矿井放炮，化学工业的合成氨、合成甲醇、碳素厂石墨电极制造。汽车尾气、煤气发生炉以及所有碳物质（包括家庭用煤炉）的不完全燃烧均可产生一氧化碳气体。

健康危害：一氧化碳在血中与血红蛋白结合而造成组织缺氧。

急性中毒：轻度中毒者出现头痛、头晕、耳鸣、心悸、恶心、呕吐、无力。中度中毒者除上述症状外，还有面色潮红、口唇樱红、脉快、烦躁、步态不稳、意识模糊，可致昏迷。重度中毒者昏迷不醒、瞳孔缩小、肌张力增加、频繁抽搐、大小便失禁等。深度中毒可致死。

慢性中毒：长期反复吸入一定量的一氧化碳可致神经系统和心血管系统损害。

危险特性：是一种易燃易爆气体。与空气混合能形成爆炸性混合物，遇明火、高热能引起燃烧、爆炸。

33. 氨气有哪些危害与环境行为？

在石油精炼、氮肥、合成纤维、鞣皮、人造冰、油漆、塑料、树脂、染料、医药工业，以及制造氰化物和有机腈的生产中都有氨的使用和排放，氨是用氢和氮在触媒作用下合成，为制取各种含氨产品的主要原料。

健康危害：低浓度氨对黏膜有刺激作用，高浓度氨可造成组织溶解坏死。

急性中毒：轻者出现流泪、咽痛、声音嘶哑、咳嗽、咯痰等；眼结膜、鼻黏膜、咽部充血、水肿；胸部 X 射线征象符合支气管炎或支气管周围炎。中度中毒上述症状加剧，并可出现呼吸困难、紫绀；胸部 X 射线征象符合肺炎或间质性肺炎。严重者可发生中毒性肺水肿，或有呼吸窘迫综合征，患者剧烈咳嗽、咯大量粉红色泡沫痰、呼吸窘迫、谵妄、昏迷、休克等，可发生喉头水肿或支气管黏膜坏死脱落窒息。高浓度氨可引起反射性呼吸停止。液氨或高浓度氨可致眼灼伤，液氨可致皮肤灼伤。

毒性：属低毒类。

危险特性：与空气混合能形成爆炸性混合物。遇明火、高热能引起燃烧、爆炸。与氟、氯等接触会发生剧烈的化学反应。若遇高热，容器内压增大，有开裂和爆炸的危险。

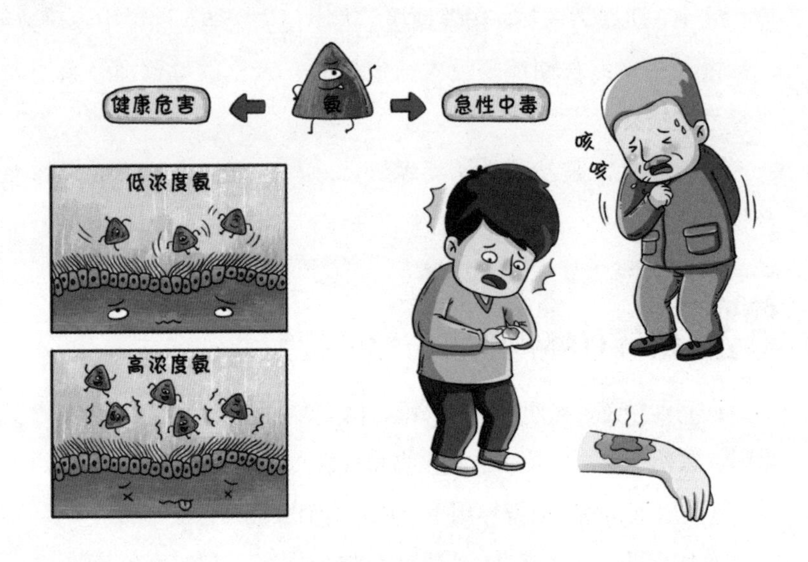

34. 藻类暴发有哪些显著特征及危害？

通常藻类暴发呈现的表观特征有水体颜色发生变化，透明度下降，出现异味，水面漂浮大量的藻类颗粒物，pH和DO异常升高等。另外，表征水华暴发严重程度等级的指标藻细胞密度和叶绿素a浓度显著升高，影响正常水体功能。主要危害如下：

（1）影响自来水厂供水。

（2）破坏水生生态系统的平衡。藻类大量增殖聚集在水面，造成透明度下降，光合作用受限制，溶解氧降低，水生植物窒息死亡，藻类死亡分解耗氧，水生生物难生存，水生生物的多样性和稳定性降低，水生生态系统失衡。

（3）释放有毒物质，危害人类健康。25% ～ 75% 的蓝藻水华都可以产毒，藻类生长代谢产生大量的生物毒素，释放到水体中，从而进入生物体或人体对健康产生危害。

（4）影响水处理设施，降低用水质量和增加水处理成本。藻类聚集在滤池表面形成覆盖物，阻止水的流通，生物体内具有油质，沉淀困难。

（5）损害水产养殖业。 藻类生物分泌黏液或死亡分解后产生黏液，附着在鱼、虾、贝类等生物的鳃上，使它们窒息死亡。

（6）严重破坏景观，影响旅游观光和航运。 水体发臭难闻，发出腥臭味且藻类在水面大量聚集，严重影响观光旅游和航运。

35. 藻类暴发性繁殖引起的水质污染分哪几种？

藻类暴发性繁殖引起的水质污染主要有水华、赤潮、绿潮等。

水华是一种在淡水中的自然生态现象，由藻类的暴发性繁殖引起，如蓝藻（严格意义上应称为蓝细菌）、绿藻、硅藻、甲藻等。通常情况下，蓝藻、绿藻水华发生时，水一般呈蓝色或绿色，甲藻水华发生时水体呈褐色，硅藻水华发生时水体呈黄色。

赤潮是海洋中某些微小（粒径 2 ~ 20 μm）的浮游藻类、原生动物或更小的细菌，在满足一定条件时暴发性繁殖或突然性聚集，引起水体变色的一种自然生态现象。

绿潮是在特定的环境条件下，海水中某些大型绿藻（如浒苔）暴发性增殖或高度聚集而引起水体变色的一种有害生态现象，也被视作和赤潮一样的海洋灾害。

第三部分
突发环境事件应急管理

36. 突发环境事件应急管理的内容有哪些？

突发环境事件应急管理是指政府及相关部门在突发环境事件的事前预防、事中处置和事后管理中，通过建立必要的应对机制，采取一系列的必要措施，保障公众生命财产安全和促进社会和谐健康发展的有关活动。一般意义上，应急管理可分为风险控制、应急准备、应急处置、事后恢复、信息公开五个阶段。环境应急管理是政府应急管理的重要组成部分，是政府的一项基本职能。

（1）风险控制：企事业单位应当开展突发环境事件风险评估，确定环境风险隐患。对发现的环境风险隐患应立即采取措施消除。

（2）应急准备：企事业单位应当按照应急演练撰写演练评估报告，分析存在的问题，撰写应急预案。

（3）应急处置：当企事业单位造成突发环境事件时，应当立即启动应急预案，切断污染源，通知可能受到影响的人群，并向上级生态环境主管部门汇报。应急处置期间，企事业单位应当积极配合上级部门，提供相应技术资料，服从统一指挥。

（4）事后恢复：组织开展损失评估，评估应急处置工作，提出改善措施，查清突发环境事件发生的原因，制定恢复环境工作方案等。

（5）信息公开：企事业单位应当向公众公开突发环境事件应急预案、演练情况、突发环境事件发生及处置情况等信息。县级以上地方生态环境主管部门应当统一、准确、及时向公众发布突发环境事件事态发展、应急处置工作等相关信息。

37. 什么是突发环境事件应急预案？

突发环境事件应急预案是指针对可能发生的突发环境事件，为确保迅速、有序、高效地开展应急处置，减少人员伤亡和经济损失而预先制订的计划或方案。其核心思想就是以确定性应对不确定性，化应急管理为常规管理。应急预案内容涵盖事前应急准备、事中应急响应以及事后应急恢复全过程，对应急资源和行动的组织管理与指挥协调进行整体计划和程序规范，具体来说就是明确谁来做、怎么做、何时做、做到什么程度，以及用什么资源做等问题。

根据《国家突发环境事件应急预案》的规定，突发环境事件的应急预案主要适用于大气污染、水体污染、土壤污染等突发性环境污染事件应对工作，辐射污染事件、海上溢油事件、船舶污染事件的应对工作按照其他相关应急预案规定执行。重污染天气应对工作按照国务院《大气污染防治行动计划》等有关规定执行。

38. 我国突发环境事件应急预案体系包括哪些？

我国突发环境事件应急预案体系包括：

（1）国家级。

国家突发环境事件应急预案。国家突发环境事件应急预案是突发公共事件总体应急预案下的专项预案，是生态环境部为应对突发环境事件而制订的应急预案。

（2）省级。

省级突发环境事件应急预案。由省级人民政府发布实施。

生态环境厅环境应急预案。由生态环境厅发布实施。

（3）市（地）、县（市）级。

各市（地）、县（市）人民政府及其基层政权组织的突发环境事件应急预案。

各市（地）、县（市）生态环境部门突发环境事件应急预案。

专项应急预案，如环境应急监测预案、水源地环境应急预案。

（4）企事业单位。

综合环境应急预案。对环境风险种类较多、可能发生多种类型突发环境事件的，企事业单位应当编制综合环境应急预案。

专项环境应急预案。对某一种类的环境风险，企事业单位应当根据存在的重大危险源和可能发生的突发事件类型，编制相应的专项环境应急预案。

现场处置预案。对危险性较大的重点岗位，企事业单位应当编制重点工作岗位的现场处置预案。

企事业单位编制的综合环境应急预案、专项环境应急预案和现场处置预案之间应当相互协调，并与所涉及的其他应急预案相互衔接。

（5）工程建设、影视拍摄和文化体育等群体性活动有可能造成突发环境事件的，主办单位应当在活动开始前编制临时环境应急预案。

39. 制订突发环境事件应急预案有哪些要求和原则？

（1）突发环境事件应急预案的基本要求。突发环境事件应急预案的内容应满足“四性”：一是“针对性”，围绕本单位应急职能，加强、细化与落实本单位及相关部门、机构应急具体职责；二是“实用性”，预案内容切合工作实际，与本单位应急处置能力相适应；三是“可操作性”，应急响应程序、措施和保障措施等内容应切实可行，对污染事件的处置可以达到阻断风险的作用；四是“衔接性”，与地方政府、相关部门或单位的应急预案内容相适应，彼此衔接。

（2）突发环境事件应急预案的编制原则。一是“科学性”，如涉及群众自救、互救等救灾方式；二是“针对性”，各类突发环境事件的介质、地理环境、自然环境不同，需要有针对性地编制排险、减险应急预案；三是“可操作性”，预案的制订过程是根据现有经济社会条件和科技水平，将各项减险应急工程措施、方法、手段系统化、条理化、组织化的过程。

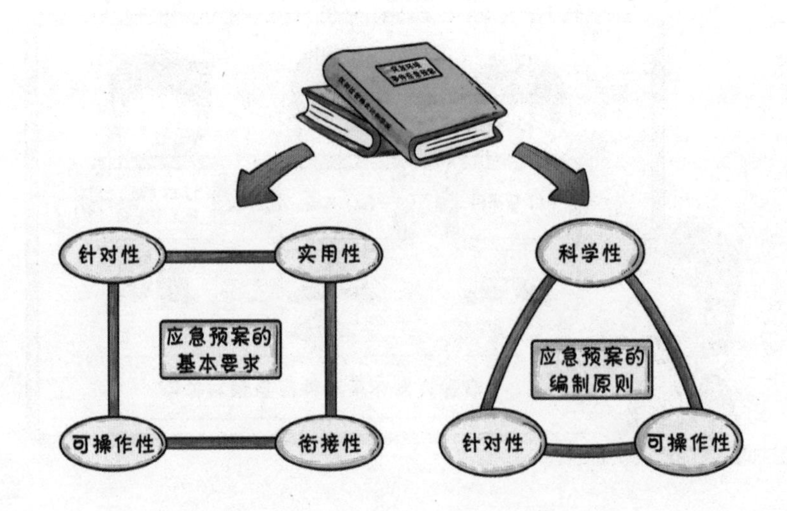

40. 突发环境事件应急预案应包括哪些基本内容？

突发环境事件应急预案应包含总则，组织指挥体系与职责，预防与预警，应急响应，善后处置，应急保障，宣传、培训、演练，附则与附件等基本内容。

环境应急预案内容的基本要素

要素	基本内涵
总则	目的、工作原则、法律法规依据及使用范围等原则性内容
组织指挥体系与职责	突发环境事件应急组织体系的框架、指挥机构的组成及相应职责
预防与预警	预测与预警系统、预警级别、预警行动及预警支持系统等
应急响应	信息处理、分级响应、指挥协调、现场处置、人员撤离、医疗救治、事故调查等
善后处置	事后评估与恢复重建等
应急保障	人力资源、资金、装备、物资、通信、交通运输、技术等保障
宣传、培训、演练	针对预案内容的宣传、培训和演练做出明确规定
附则	预案中涉及的名词术语定义、预案发布实施及更新等管理内容
附件	对应急保障相关内容的具体化，包含环境风险源及敏感保护目标情况、指挥机构及人员联系方式、专家基本情况、救援队伍情况、装备物资情况、规范化格式文本、相关预案名录等

41. 环境应急资源包括哪些内容？

环境应急资源，是指采取紧急措施应对突发环境事件时所需要的物资和装备。根据《环境应急资源调查指南（试行）》的规定，环境应急资源主要包括以下内容：

（1）污染源切断：沙包沙袋、快速膨胀袋、溢漏围堤、下水道阻流袋、排水井保护垫、沟渠密封袋、充气式堵水气囊等。

（2）污染物控制：围油栏（常规围油栏、橡胶围油栏、PVC围油栏、防火围油栏）、浮桶（聚乙烯浮桶、拦污浮桶、管道浮桶、

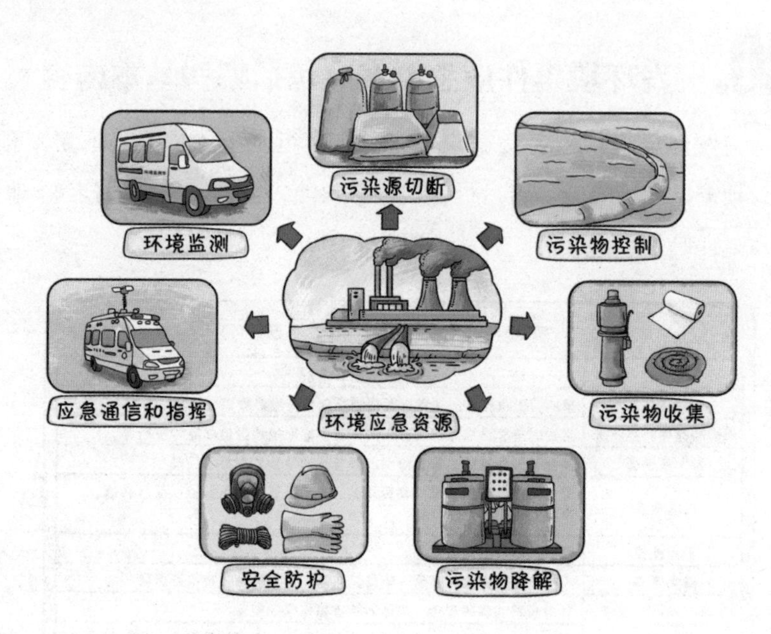

泡沫浮桶、警示浮球）、水工材料（土工布、土工膜、彩条布、钢丝格栅、导流管件）。

（3）污染物收集：收油机、潜水泵（包括防爆潜水泵）、吸油毡、吸油棉、吸污卷、吸污袋、化工塑料桶、油囊、储罐。

（4）污染物降解：①溶药装置：搅拌机、搅拌桨；②加药装置：水泵、阀门、流量计、加药管，水污染、大气污染、固体废物处理一体化装置；③吸附剂：活性炭、硅胶、矾土、白土、膨润土、沸石；④中和剂：硫酸、盐酸、硝酸、碳酸钠、碳酸氢钠、氢氧化钙、氢氧化钠、氧化钙；⑤絮凝剂：聚丙烯酰胺、三氯化铁、聚合氯化铝、聚合硫酸铁；⑥氧化还原剂：双氧水、高锰酸钾、次氯酸钠、焦亚硫酸钠、亚硫酸氢钠、硫酸亚铁；⑦沉淀剂：硫化钠。

（5）安全防护：预警装置、防毒面具、防化服、防化靴、防化手套、防化护目镜、防辐射服、氧气（空气）呼吸器、呼吸面具、安全帽、手套、安全鞋、工作服、安全警示背心、安全绳、碘片等。

（6）应急通信和指挥：应急指挥及信息系统、应急指挥车、应急指挥船、对讲机、定位仪、海事卫星视频传输系统及单兵系统等。

（7）环境监测：便携式监测设备、应急监测车（船）、无人机（船）。

除上述内容外，还可包括应急专家、应急救援队伍等。

42.为什么需要进行突发环境事件应急演练？

应急演练是指为检验应急预案的有效性、应急准备的完善性、应急响应能力的适应性和应急人员的协同性而进行的一种模拟应急响应的实践活动。应急演练能在突发环境事件发生时有效减少人员伤亡和财产损失，迅速从各种灾难中恢复正常状态。

应急演练是检验、评价和保持应急能力的一个重要手段。一是可以有效检验应急预案编制的可操作性。对现有应急预案的科学性、有效性、完整性及可行性进行检验，在突发环境事件真正发生前暴露预案、管理和程序的不足，弥补环境应急预案的不足，不断完善预案。二是可以明确应急资源的不足。通过演习，能及时发现应急资源的不足（包括人力、物资、装备等），完善应急准备工作。三是可以有效提升应急能力。演习明确并落实了各应急人员的相关职责，提高了参与人员的应急处置熟练程度，达到锻炼队伍、提升整体能力的效果。四是可以促进沟通协调。通过演习，能够不断磨合机制，促进各应急部门、机构和人员间的沟通与协调。五是可以强化应急意识。演习不仅能够强化应急人员突发环境事件应对意识，还可以达到科普宣教的目的，增强公众对突发环境事件应对的信心和意识。

43. 突发环境事件应急演练包括哪些类型？

根据《突发事件应急演练指南》，演练可分为以下类型：

按内容分类：综合演练和单项演练。综合演练是指涉及应急预案中多项或全部应急响应功能的演练活动，注重对多个环节和功能进行检验，特别是对不同单位之间应急机制和联合应对能力的检验。单项演练是指只涉及应急预案中特定应急响应功能或现场处置方案中一系列应急响应功能的演练活动，注重针对一个或少数几个参与单位（岗位）的特定环节和功能进行检验。

按形式分类：桌面演练和实战演练。桌面演练是指参演人员利用地图、沙盘、流程图、计算机模拟、视频会议等辅助手段，针对事先假定的演练情景，讨论和推演应急决策及现场处置的过程，从而促进相关人员掌握应急预案中所规定的职责和程序，提高指挥决策和协同配合能力。桌面演练通常在室内完成。实战演练是指参演人员利用应急处置涉及的设备和物资，针对事先设置的突发事件情景及其后续的发展情景，通过实际决策、行动和操作，完成真实应急响应过程，从而检验和提高相关人员的临场组织指挥、队伍调动、应急处置技能和后勤保障等应急能力。实战演练通常要在特定场所完成。

按目的分类：检验性演练、示范性演练和研究性演练。检验性演练是指为检验应急预案的可行性、应急准备的充分性、应急机制的协调性及相关人员的应急处置能力而组织的演练。示范性演练是指为向观摩人员展示应急能力或提供示范教学，严格按照应急预案规定开展的表演性演练。研究性演练是指为研究和解决突发事件应急处置的重点、难点问题，试验新方案、新技术、新装备而组织的演练。

不同类型的演练相互组合，可以形成单项桌面演练、综合桌面演练、单项实战演练、综合实战演练、示范性单项演练、示范性综合演练等。

44. 企事业单位对突发环境事件应急管理要履行哪些义务？

《突发环境事件应急管理办法》第六条规定，企事业单位应当按照相关法律法规和标准规范的要求，履行下列义务：

（1）开展突发环境事件风险评估。

（2）完善突发环境事件风险防控措施。

（3）排查治理环境安全隐患。

（4）制订突发环境事件应急预案并备案、演练。

（5）加强环境应急能力保障建设。

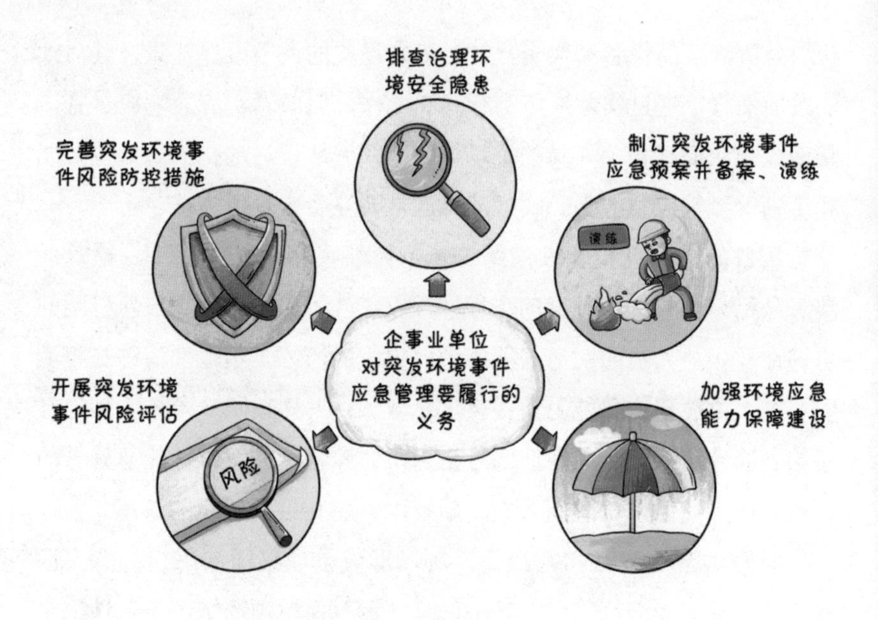

在发生或者可能发生突发环境事件时，企事业单位应当依法进行处理，并对所造成的损害承担责任。

45. 哪些企业需要编制突发环境事件应急预案？

突发环境事件应急预案主要包括三个报告，即应急预案报告、风险评估报告及应急资源调查报告。报告完成需经过专家评审，修改完成后到相关生态环境部门备案，应急预案每 3 年需要修订一次。根据《企业事业单位突发环境事件应急预案备案管理办法（试行）》的规定，以下几大类企业需要编制突发环境事件应急预案：

（1）可能发生突发环境事件的污染物排放企业，包括污水、生活垃圾集中处理设施的运营企业。

（2）生产、储存、运输、使用危险化学品的企业。

（3）产生、收集、贮存、运输、利用、处置危险废物的企业。

（4）尾矿库企业，包括湿式堆存工业废渣库、电厂灰渣库的企业。

（5）其他应当纳入适用范围的企业。

核与辐射环境应急预案的备案不适用。

需要编制突发环境事件应急预案的企业

可能发生突发环境事件的污染物排放企业，包括污水、生活垃圾集中处理设施的运营企业。

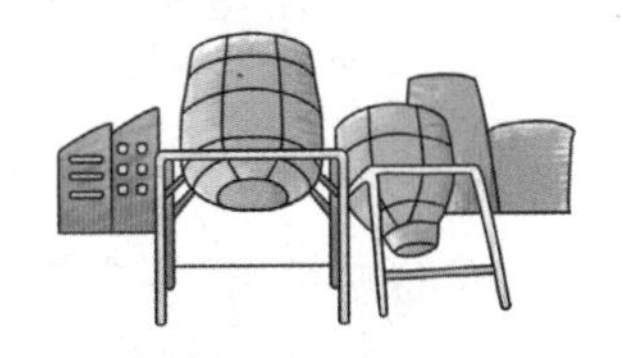

尾矿库企业，包括湿式堆存工业废渣库、电厂灰渣库的企业。

生产、储存、运输、使用危险化学品的企业。

其他应当纳入适用范围的企业。

产生、收集、贮存、运输、利用、处置危险废物的企业。

46. 企业突发环境事件应急预案怎样编制？可以自己编制吗？

企业是制订突发环境事件应急预案的责任主体，根据应对突发环境事件的需要，开展突发环境事件应急预案制订工作，对突发环境事件应急预案内容的真实性和可操作性负责。企业可以自行编制突发环境事件应急预案，也可以委托相关专业技术服务机构编制突发环境事件应急预案。委托相关专业技术服务机构编制的，企业需指定有关人员全程参与。

47. 企业突发环境事件应急预案没有备案会受到处罚吗?

企业突发环境事件应急预案应当在突发环境事件应急预案签署发布之日起 20 个工作日内，向企业所在地县级生态环境主管部门备案。县级生态环境主管部门应当在备案之日起 5 个工作日内将较大和重大环境风险企业的突发环境事件应急预案备案文件，报送市级生态环境主管部门，重大的同时报送省级生态环境主管部门。

县级以上生态环境主管部门在对突发环境事件进行调查处理时，将企业突发环境事件应急预案的制订、备案、日常管理及实施情况纳入调查处理范围。

企业未按照有关规定制订、备案突发环境事件应急预案，或者提供虚假文件备案的，由县级以上生态环境主管部门责令限期改正，并依据国家有关法律法规给予处罚。

第四部分 突发环境事件应急处置

48. 突发环境事件的应急组织指挥体系包括哪些？

（1）国家层面组织指挥机构。

生态环境部负责重特大突发环境事件应对的指导协调和环境应急的日常监督管理工作。根据突发环境事件的发展态势及影响，生态环境部或省级人民政府可报请国务院批准，或根据国务院领导同志指示，成立国务院工作组，负责指导、协调、督促有关地区和部门开展突发环境事件应对工作。必要时，成立国家环境应急指挥部，由国务院领导同志担任总指挥，统一领导、组织和指挥应急处置工作；国务院办公厅履行信息汇总和综合协调职责，发挥运转枢纽作用。

（2）地方层面组织指挥机构。

县级以上地方人民政府负责本行政区域内的突发环境事件应对工作，明确相应组织指挥机构。跨行政区域的突发环境事件应对工作，

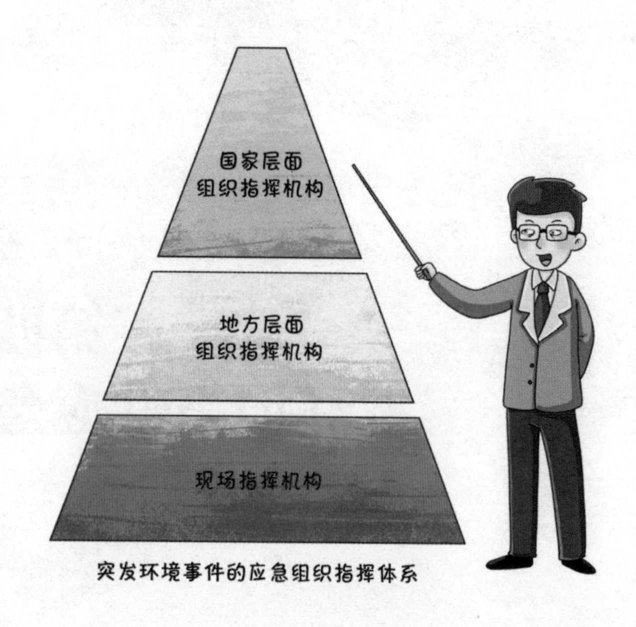

突发环境事件的应急组织指挥体系

由各有关行政区域人民政府共同负责，或由有关行政区域共同的上一级地方人民政府负责。对需要国家层面协调处置的跨省级行政区域突发环境事件，由有关省级人民政府向国务院提出请求，或由有关省级生态环境主管部门向生态环境部提出请求。

地方有关部门按照职责分工，密切配合，共同做好突发环境事件应对工作。

（3）现场组织指挥机构。

负责突发环境事件应急处置的人民政府根据需要成立现场指挥部，负责现场组织指挥工作。参与现场处置的有关单位和人员要服从现场指挥部的统一指挥。

49. 国家环境应急指挥部组成及工作组职责是什么？

根据《国家突发环境事件应急预案》（国办函〔2014〕119号）的规定，国家环境应急指挥部主要由环境保护部、中央宣传部（国务院新闻办）、中央网信办、外交部、发展改革委、工业和信息化部、公安部、民政部、财政部、住房城乡建设部、交通运输部、水利部、农业部、商务部、卫生计生委、新闻出版广电总局、安全监管总局、食品药品监管总局、林业局、气象局、海洋局、测绘地信局、铁路局、民航局、总参作战部、总后基建营房部、武警总部、中国铁路总公司等部门和单位组成，根据应对工作需要，增加有关地方人民政府和其他有关部门。

国家环境应急指挥部设立相应工作组，各工作组组成及职责分工如下：

（1）污染处置组。由环境保护部牵头，公安部、交通运输部、水利部、农业部、安全监管总局、林业局、海洋局、总参作战部、武警总部等参加。

主要职责：收集汇总相关数据，组织进行技术研判，开展事态分析；迅速组织切断污染源，分析污染途径，明确防止污染物扩散的程序；组织采取有效措施，消除或减轻已经造成的污染；明确不同情况下的现场处置人员须采取的个人防护措施；组织建立现场警戒区和交通管制区域，确定重点防护区域，确定受威胁人员疏散的方式和途径，疏散转移受威胁人员至安全紧急避险场所；协调军队、武警有关力量参与应急处置。

（2）应急监测组。由环境保护部牵头，住房城乡建设部、水利部、农业部、气象局、海洋局、总参作战部、总后基建营房部等参加。

主要职责：根据突发环境事件的污染物种类、性质以及当地气象、自然、社会环境状况等，明确相应的应急监测方案及监测方法；确定污染物扩散范围，明确监测的布点和频次， 做好大气、水体、土壤等的应急监测，为突发环境事件应急决策提供依据；协调军队力量参与应急监测。

（3）医学救援组。由卫生计生委牵头，环境保护部、食品药品监管总局等参加。

主要职责：组织开展伤病员医疗救治、应急心理援助；指导和协助开展受污染人员的去污洗消工作；提出保护公众健康的措施建议；禁止或限制受污染食品和饮用水的生产、加工、流通和食用，防范因突发环境事件造成集体中毒等。

（4）应急保障组。由发展改革委牵头，工业和信息化部、公安部、民政部、财政部、环境保护部、住房城乡建设部、交通运输部、水利部、商务部、测绘地信局、铁路局、民航局、中国铁路总公司等参加。

主要职责：指导做好事件影响区域有关人员的紧急转移和临时安置工作；组织做好环境应急救援物资及临时安置重要物资的紧急生产、储备调拨和紧急配送工作；及时组织调运重要生活必需品，保障群众基本生活和市场供应；开展应急测绘。

（5）新闻宣传组。由中央宣传部（国务院新闻办）牵头，中央网信办、工业和信息化部、环境保护部、新闻出版广电总局等参加。

主要职责：组织开展事件进展、应急工作情况等权威信息发布，加强新闻宣传报道；收集分析国内外舆情和社会公众动态，加强媒体、电信和互联网管理，正确引导舆论；通过多种方式，通俗、权威、全面、前瞻地做好相关知识普及；及时澄清不实信息，回应社会关切。

（6）社会稳定组。由公安部牵头，中央网信办、工业和信息化部、环境保护部、商务部等参加。

主要职责：加强受影响地区的社会治安管理，严厉打击借机传播谣言制造社会恐慌、哄抢物资等违法犯罪行为；加强转移人员安置点、救灾物资存放点等重点地区治安管控；做好受影响人员与涉事单位、地方人民政府及有关部门矛盾纠纷化解和法律服务工作，防止出现群体性事件，维护社会稳定；加强对重要生活必需品等商品的市场监管和调控，打击囤积居奇行为。

（7）涉外事务组。由外交部牵头，环境保护部、商务部、海洋局等参加。

主要职责：根据需要向有关国家和地区、国际组织通报突发环境事件信息，协调处理对外交涉、污染检测、危害防控、索赔等事宜，必要时申请、接受国际援助。

工作组设置、组成和职责可根据工作需要作适当调整。

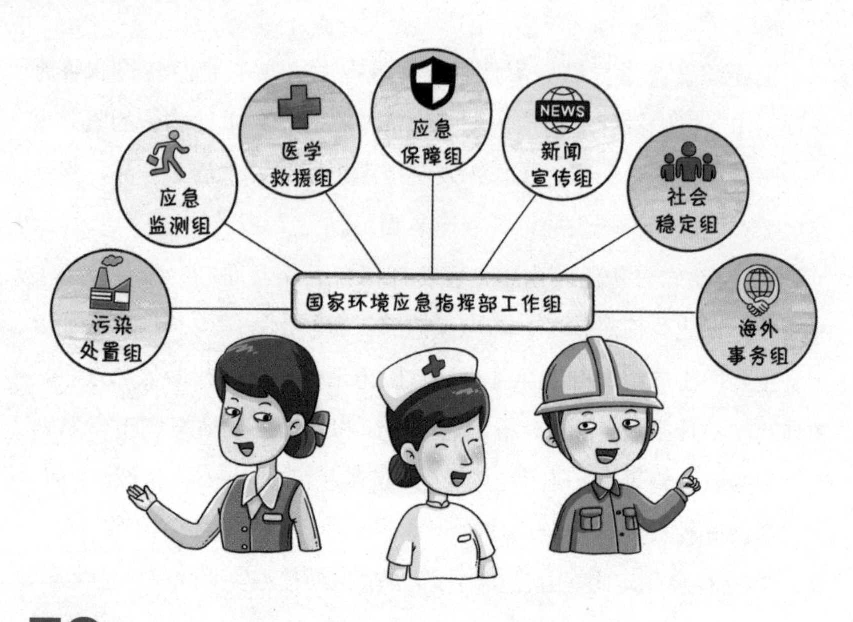

50. 突发环境事件应对工作的责任主体是谁？

《中华人民共和国突发事件应对法》第七条规定：县级人民政府对本行政区域内突发事件的应对工作负责；涉及两个以上行政区域的，由有关行政区域共同的上一级人民政府负责，或者由各有关行政区域的上一级人民政府共同负责。突发事件发生后，发生地县级人民政府应当立即采取措施控制事态发展，组织开展应急救援和处置工作，并立即向上一级人民政府报告，必要时可以越级上报。

《突发环境事件应急管理办法》第四条规定：突发环境事件应对，应当在县级以上地方人民政府的统一领导下，建立分类管理、分级负责、属地管理为主的应急管理体制。县级以上生态环境主管部门应当在本级人民政府的统一领导下，对突发环境事件应急管理日常工作实施监督管理，指导、协助、督促下级人民政府及其有关部门做好突发环境事件应对工作。

《国家突发环境事件应急预案》规定，突发环境事件应对工作坚持“统一领导、分级负责，属地为主、协调联动，快速反应、科学处置，资源共享、保障有力”的原则。县级以上地方人民政府负责本行政区域内的突发环境事件应对工作，明确相应组织指挥机构。

综上，突发环境事件应对工作的责任主体为县级以上地方人民政府。

51. 事故责任方在突发环境事件中的法定职责有哪些？

发生突发环境事件，事故责任方（包括单位和个人）作为事故的主体，在突发环境事件预防、应急响应、应急处置与事件处理过程中，负有以下法定职责：

（1）必须立即采取清除或减轻污染危害措施的职责。

发生事故或者其他突然性事件，造成或可能造成污染的事故责任方，必须立即采取措施处理、清除或减轻污染危害。

（2）向当地生态环境主管部门和有关部门报告事故发生情况的职责。

一旦发生突发环境事件，事故责任方可通过拨打“12369”向当地生态环境主管部门报告，也可通过拨打“110”、“119”、公共举报电话，网络、传真等形式向有关部门报告。

（3）及时向可能受到污染危害的单位和居民进行通报的职责。

当事故发生造成或可能造成其他单位和居民受到污染危害时，事故责任方应及时通报并接受调查。

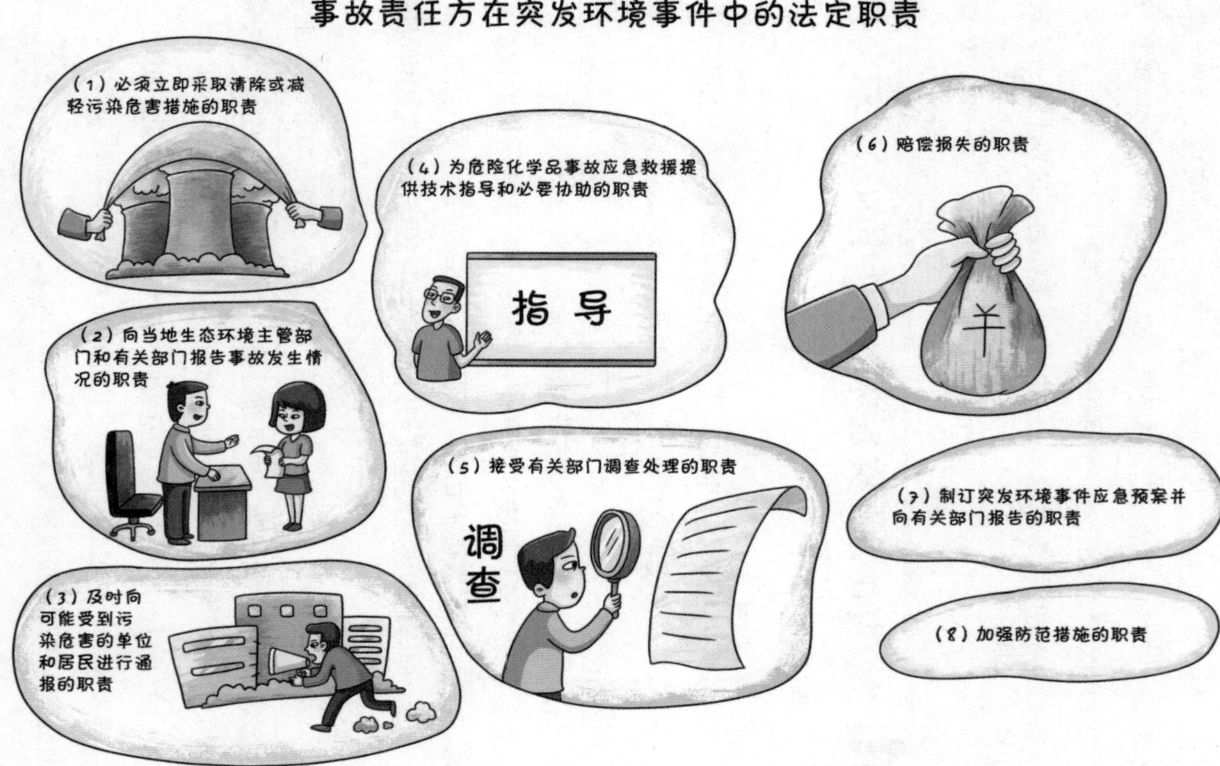
事故责任方在突发环境事件中的法定职责
（1）必须立即采取清除或减轻污染危害措施的职责
（2）向当地生态环境主管部门和有关部门报告事故发生情况的职责
（3）及时向可能受到污染危害的单位和居民进行通报的职责
（4）为危险化学品事故应急救援提供技术指导和必要协助的职责
指 导
（5）接受有关部门调查处理的职责
调查
（6）赔偿损失的职责
（7）制订突发环境事件应急预案并向有关部门报告的职责
（8）加强防范措施的职责

（4）为危险化学品事故应急救援提供技术指导和必要协助的职责。

危险化学品生产企业必须具有为危险化学品事故应急救援提供技术指导和必要协助的能力。

（5）接受有关部门调查处理的职责。

根据法律规定，事故责任方不能拒绝和阻挠有关职能部门的调查处理。

（6）赔偿损失的职责。

事故造成公有和私有财产损失的，事故责任方应按法律规定给予赔偿。

（7）制订突发环境事件应急预案并向有关部门报告的职责。

可能发生突发环境事件的事故责任方，应按法律法规规定制订突发环境事件应急预案并向有关部门报告。

（8）加强防范措施的职责。

可能发生突发环境事件的事故责任方，在日常管理中要加强防范，采取措施尽可能避免突发环境事件的发生。

52. 地方人民政府在突发环境事件中的法定职责有哪些？

各级人民政府在突发环境事件的预防、预警、应急响应、应急处置与应急事件的调查处理过程中，负有以下法定职责：

（1）采取有效措施减轻污染危害的职责。

根据法律法规的规定，发生突发环境事件后，县级以上人民政府应当采取有效措施解除或减轻污染危害，最大限度地保障人民群众的生产与生活安全。

（2）进入预警状态后按事件等级启动相应政府应急预案的职责。

（3）及时向社会发布突发环境事件信息的职责。

在突发环境事件危害人体健康和安全的紧急情况下，当地县级以上人民政府应当及时向社会发布预警公告。

（4）制订饮用水等安全应急预案的职责。

各级人民政府应根据有关规定，制订本级人民政府的应急预案。

（5）向上一级人民政府报告突发环境事件的职责。

地方各级人民政府应当将突发环境事件信息报告给上一级人民政府。

（6）及时向毗邻区域通报突发环境事件有关情况的职责。

当突发环境事件可能波及相邻地区时，事发地人民政府应及时通知相邻县、市、省或国家。

53. 生态环境主管部门在突发环境事件中的法定职责有哪些?

突发环境事件发生后，生态环境主管部门作为环境应急指挥部的组成单位，主要承担以下职责：

（1）通知相关部门履行法律责任的统一监管的职责。

发生船舶污染海洋、水域、渔业事件，饮用水水源地污染事件，因环境污染引发群体性事件等突发环境事件时，及时通知港务监督、渔政、海事、供水、公安等部门履行法律责任。

（2）向本级人民政府和上级生态环境主管部门报告的职责。

当发现或得知突发环境事件后，县级以上生态环境主管部门应按规定向本级人民政府和上级生态环境主管部门报告。

（3）开展环境应急监测工作的职责。

当发现或得知突发环境事件后，生态环境主管部门应立即组织对污染源和周围水、气等环境的监测工作，为应急决策提供科学依据。

（4）向毗邻地区生态环境主管部门进行通报的职责。

当突发环境事件可能波及相邻地区时，事发地生态环境主管部门应及时通知毗邻县、市、省和国家的生态环境主管部门。

（5）接到事发地生态环境主管部门突发环境事件通报后向人民政府报告的职责。

突发环境事件被通报地区的生态环境主管部门，接到可能波及本行政区域的环境污染通报后，应视情况及时报告本级政府。

（6）适时向社会发布突发环境事件信息的职责。

生态环境主管部门根据有关法律法规，适时向社会发布突发环境事件信息。

（7）协助政府做好应急处置各项工作的职责。

在突发环境事件的应急响应过程中，生态环境主管部门应协助政府做好应急处置各项工作。如对污染态势进行预测研判、向政府提出应急处置建议等。

（8）对突发环境事件进行调查处理的职责。

突发环境事件发生后，生态环境主管部门应依法对有关情况进行调查处理。

（9）协调处理污染损害赔偿纠纷的职责。

当突发环境事件造成污染损害后，生态环境主管部门应根据当事人的请求，协调处理当事人双方的污染损害赔偿事宜。

（10）负责突发环境事件应急预案审核的职责。

54. 为什么生态环境主管部门要“有事没事当有事准备，大事小事当大事对待”？

处理突发环境事件是非常态工作，本身就具有突发性。突发环境事件根据严重程度分为4级，若延误时机、处置不当，一般突发环境事件可演变为较大突发环境事件，较大突发环境事件甚至可能恶化为重特大突发环境事件。这就要求生态环境主管部门要时刻警惕、保持敏感，坚持“有事没事当有事准备，大事小事当大事对待”，慎重对待每一起事件，小心无大错。

55. 生态环境主管部门“五个第一时间”包括哪些内容？

突发环境事件发生后，生态环境主管部门需要遵循“五个第一时间”，主要包括如下内容：

（1）“第一时间报告”：立即按规定向本级政府、上级生态环境主管部门等报送信息。

（2）“第一时间赶赴现场”：及时核清事实、查明情况，掌握第一手资料，提出防控措施建议。

（3）“第一时间开展监测”：准确掌握污染物扩散和环境质量变化情况，为科学处置提供依据。

（4）“第一时间向社会发布信息”：及时将事件真相和生态环境部门所做的工作告知媒体、公众，主动引导社会舆论，维护社会稳定。

（5）“第一时间组织开展调查”：主动调查事故原因，迅速排查污染源，采取有效处置措施，减轻污染损失和生态破坏程度。

56. “三个不放过”包括哪些内容？

“三个不放过”是指“事件原因没有查清不放过，事件责任者没有严肃处理不放过，整改措施没有落实不放过”。只有把事件原因查清楚了，才能吸取教训，避免再犯；只有对相关责任人追责了，才能以儆效尤，震慑环境违法行为；只有把整改措施落实了，才能消除隐患，确保环境安全。

57. 如何进行突发环境事件预警、通报与信息发布？

由于突发环境事件常常会波及周边地区，对公众和环境可能造成威胁，所以告知公众是必需的，其方式是警报和公告。告诉公众污染事故的性质、对健康的影响、自我保护措施、注意事项等，保证公众能够及时做出自我防护响应。在警报器发出警报的同时，应进行应急广播，向公众发出紧急公告，传递紧急事故的有关重要信息，包括如何实施疏散、使用的疏散路线和庇护所等。

对突发环境事件的通报应包括以下内容：

（1）特别重大和重大突发环境事件（Ⅰ级、Ⅱ级）发生的省（区、市）人民政府相关部门，在应急响应的同时，应当及时向毗邻和可能波及的省（区、市）相关部门通报突发环境事件的情况。

（2）接到特别重大和重大突发环境事件（Ⅰ级、Ⅱ级）通报的省（区、市）人民政府相关部门，应当视情况及时通知本行政区域内有关部门采取必要措施，并向本级人民政府报告。

（3）按照国务院的指示，生态环境部及联席会议应及时向国务院有关部门和各省（区、市）人民政府生态环境主管部门以及有关部门通报特别重大突发环境事件（Ⅰ级）的情况。

（4）县级以上地方人民政府有关部门，对已经发生的环境污染事件或者发现可能引起环境污染事件的情形，及时向同级人民政府生态环境主管部门通报。

（5）发生环境污染事件的有关单位，应及时向毗邻单位和可能波及范围内的环境敏感点通报，并向所在地县级以上生态环境主管部门或有关部门报告。

对于突发环境事件的信息发布，要及时、准确，正确引导社会舆论。对于较为复杂的事件，可分阶段发布，先简要发布基本事实。对于一般性事件，主动配合新闻宣传部门做好宣传引导工作。对灾害造成的直接经济损失数字的发布，应征求评估部门的意见。对影响重大的突发环境事件处理结果，根据需要及时发布。对于重大突发环境事件（Ⅱ级）、较大突发环境事件（Ⅲ级）和一般突发环境事件（Ⅳ级）可分别由省、市、县地方人民政府发布信息。

对突发环境事件的通报应包括以下内容

(1)特别重大和重大突发环境事件(Ⅰ级、Ⅱ级)发生的省(区、市)人民政府相关部门，在应急响应的同时，应当及时向毗邻和可能波及的省(区、市)相关部门通报突发环境事件的情况。
(3)按照国务院的指示，生态环境部及联席会议应及时向国务院有关部门和各省(区、市)人民政府生态环境主管部门以及有关部门通报特别重大突发环境事件(Ⅰ级)的情况。
(5)发生环境污染事件的有关单位 应及时向毗邻单位和可能波及范围内的环境敏感点通报，并向所在地县级以上生态环境主管部门或有关部门报告。

(2)接到特别重大和重大突发环境事件(Ⅰ级、Ⅱ级)通报的省(区、市)人民政府相关部门，应当视情况及时通知本行政区域内有关部门采取必要措施，并向本级人民政府报告。
(4)县级以上地方人民政府有关部门，对已经发生的环境污染事件或者发现可能引起环境污染事件的情形，及时向同级人民政府生态环境主管部门通报。

58. 突发环境事件发生后信息发布的途径有哪些？

通过政府授权发布、发新闻稿、接受记者采访、举行新闻发布会、组织专家解读等方式，借助电视、广播、报纸、互联网等多种途径，主动、及时、准确、客观地向社会发布突发环境事件和应对工作信息，回应社会关切，澄清不实信息，正确引导社会舆论。信息发布内容包括事件原因、污染程度、影响范围、应对措施、需要公众配合采取的措施、公众防范常识和事件调查处理进展情况等。

59. 突发环境事件信息发布的时限要求是什么？

《国务院办公厅印发〈关于全面推进政务公开工作的意见〉实施细则的通知》（国办发〔2016〕80 号）要求，“对涉及特别重大、重大突发事件的政务舆情，要快速反应，最迟要在 5 小时内发布权威信息，在 24 小时内举行新闻发布会，并根据工作进展情况，持续发布权威信息，有关地方和部门主要负责人要带头主动发声”。据此，2019 年生态环境部发布了《关于做好 2019 年突发环境事件应急工作的通知》，对突发环境事件信息公开工作提出明确量化要求：发生重特大或者敏感事件时，5 小时内要发布权威信息，24 小时内要举行新闻发布会。在应急处置过程中，要根据事件发展趋势，持续做好舆情监测，及时掌握舆论动态，主动回应社会关切。

60. 生态环境主管部门向上一级主管部门报告突发环境事件的时限要求是什么？

《突发环境事件信息报告办法》第三条规定：突发环境事件发生地设区的市级或者县级人民政府生态环境主管部门在发现或者得知突发环境事件信息后，应当立即进行核实，对突发环境事件的性质和类别做出初步认定。

对初步认定为一般（Ⅳ级）或者较大（Ⅲ级）突发环境事件的，事件发生地设区的市级或者县级人民政府生态环境主管部门应当在 4 小时内向本级人民政府和上一级人民政府生态环境主管部门报告。

对初步认定为重大（Ⅱ级）或者特别重大（Ⅰ级）突发环境事件的，事件发生地设区的市级或者县级人民政府生态环境主管部门应当在 2 小时内向本级人民政府和省级人民政府生态环境主管部门报告，同时上报生态环境部。省级人民政府生态环境主管部门接到报告后，应当进行核实并在 1 小时内报告生态环境部。

突发环境事件处置过程中事件级别发生变化的，应当按照变化后的级别报告信息。

61. 什么情况下地方人民政府生态环境主管部门必须向生态环境部应急办报告突发环境事件？

《突发环境事件信息报告办法》第四条规定：发生下列一时无法判明等级的突发环境事件，事件发生地设区的市级或者县级人民政府生态环境主管部门应当按照重大（Ⅱ级）或者特别重大（Ⅰ级）突发环境事件的报告程序上报：

（1）对饮用水水源保护区造成或者可能造成影响的；

（2）涉及居民聚居区、学校、医院等敏感区域和敏感人群的；

（3）涉及重金属或者类金属污染的；

（4）有可能产生跨省或者跨国影响的；

（5）因环境污染引发群体性事件，或者社会影响较大的；

（6）地方人民政府生态环境主管部门认为有必要报告的其他突发环境事件。

62. 突发环境事件的报告分为哪几种?

突发环境事件的报告分为初报、续报和终报三种。初报在发现或者得知突发环境事件后首次上报；续报在查清有关基本情况、事件发展情况后随时上报；终报在突发环境事件处理完毕后上报。

初报应当报告突发环境事件的发生时间、地点、信息来源、事件起因和性质、基本过程、主要污染物和数量、监测数据、人员受害情况、饮用水水源地等环境敏感点受影响情况、事件发展趋势、处置情况、拟采取的措施以及下一步工作建议等初步情况，并提供可能受到突发环境事件影响的环境敏感点的分布示意图。

续报应当在初报的基础上，报告有关处置进展情况。

终报应当在初报和续报的基础上，报告处理突发环境事件的措施、过程和结果，突发环境事件潜在或者间接危害以及损失、社会影响、处理后的遗留问题、责任追究等详细情况。

63. 突发环境事件的报告方式有哪些？

突发环境事件信息应当采用传真、网络、邮寄或面呈等方式书面报告；情况紧急时，初报可通过电话报告，但应当及时补充书面报告。

书面报告中应当载明突发环境事件报告单位、报告签发人、联系人及联系方式等内容， 并尽可能提供地图、图片以及相关的多媒体资料。

64. 政府部门相关人员迟报、谎报、瞒报、漏报突发环境事件信息会受到哪些处罚？

对在突发环境事件信息报告工作中迟报、谎报、瞒报、漏报有关突发环境事件信息的，给予通报批评；造成后果的，对直接负责的主管人员和其他直接责任人员依法依纪给予处分；构成犯罪的，移送司法机关依法追究刑事责任。

65. 突发环境事件应急监测的工作原则有哪些？

应急监测指突发环境事件发生后至应急响应终止前，对污染物种类、污染物浓度、污染范围及其变化趋势进行的监测。应急监测包括污染态势初步判别和跟踪监测两个阶段。

污染态势初步判别是突发环境事件应急监测的第一阶段，指突发环境事件发生后，确定污染物种类、监测项目及污染范围的过程。

跟踪监测是突发环境事件应急监测的第二阶段，指污染态势初步判别阶段后至应急响应终止前，开展的确定污染物浓度及其变化趋势的环境监测活动。

接到应急响应指令后，应立即启动应急监测预案，开展应急监测工作。

突发环境事件发生后，应急监测队伍应立即按照职责分工和相关预案，在确保安全的前提下，开展应急监测工作，尽可能以最少的有足够时空代表性的监测结果，尽快为突发环境事件应急决策提供可靠依据。在污染态势初步判别阶段，应以尽快确定污染物种类、监测项目及污染范围为工作原则；在跟踪监测阶段，应以快速获取污染物浓度及其变化趋势信息为工作原则。

66. 突发环境事件应急监测点位的布设原则有哪些？

采样断面（点）的设置一般以突发环境事件发生地及可能受影响的环境区域为主，同时必须注重人群和生活环境，重点关注对饮用水水源地、人群活动区域的空气、农田土壤等的影响，合理设置监测断面（点），判断污染团位置、反映污染变化趋势、了解应急处置效果。点位布设应根据突发环境事件应急处置动态及时更新调整。对被突发环境事件所污染的地表水、地下水、大气和土壤应设置对照断面（点）、控制断面（点），对地表水和地下水还应设置削减断面（点），尽可能以最少的断面（点）获取足够的所需有代表性的信息，同时须考虑采样的可行性和方便性。

67. 突发环境事件污染物和监测项目的确定原则有哪些？

优先选择主要污染因子与特征污染物作为监测项目，根据污染事件的性质和环境污染状况确认在环境中积累较多、对环境危害较大、影响范围广、毒性较强的污染物，或者选择在污染事件中对环境造成严重不良影响的特定项目，并根据污染物性质（自然性、扩散性或活性、毒性、可持续性、生物可降解性或积累性、潜在毒性）及污染趋势，按可行性原则（尽量有监测方法、评价标准或要求）进行确定。

68. 突发环境事件应急监测终止的条件是什么?

当应急组织指挥机构终止应急响应或批准应急监测终止建议时,方可终止应急监测。凡符合下列情形之一的,可向应急组织指挥机构提出应急监测终止建议:

(1)最近一次监测方案中全部监测点位的连续 3 次监测结果达到评价标准或要求。

(2)最近一次监测方案中全部监测点位的连续 3 次监测结果均恢复到本底值或背景点位水平。

(3)应急专家组认为可以终止的情形。

69. 突发环境事件应急处置应遵循哪些原则?

(1)以人为本,减少危害。切实履行政府的社会管理和公共服务职能,将保障公众健康和生命财产安全作为首要任务,最大限度地保障公众健康、保护人民群众生命财产安全。

(2)依法应急,规范处置。依据有关法律和行政法规,加强应急管理,维护公众合法环境权益,使应对突发环境事件工作规范化、制度化、法制化。

(3)统一领导,协调一致。在各级党委、政府的统一领导下,充分发挥环保专业优势,切实履行生态环境主管部门工作职责,形成统一指挥、各负其责、协调有序、反应灵敏、运转高效的应急指挥机制。

(4)属地为主,分级响应。坚持属地管理原则,充分发挥基层党委、政府的主导作用,动员乡镇、社区、企事业单位和社会团体的力量,形成上下一致、主从清晰、指导有力、配合密切的应急处置机制。

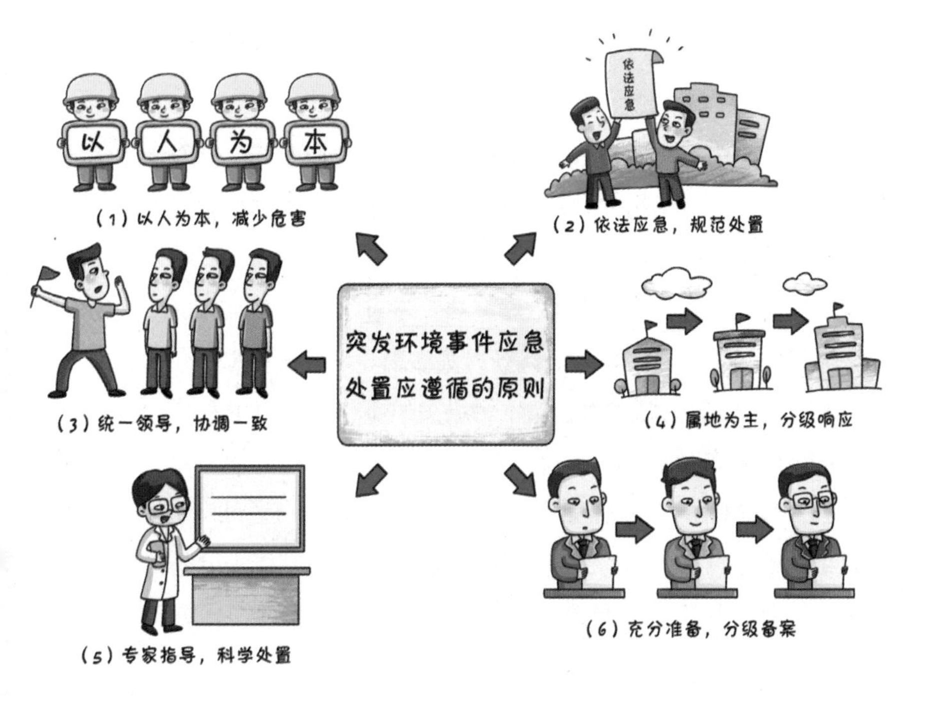

（5）专家指导，科学处置。采用先进的环境监测、预测和应急处置技术及设施，充分发挥专家队伍、监察等专业人员的作用，提高应对突发环境事件的科技水平和指挥能力，避免发生次生、衍生事件，最大限度地消除或减轻突发环境事件造成的中长期影响。

（6）充分准备，分级备案。坚持预防为主，只有平时做好人、财、物等方面的充分准备，对应急预案进行充分的培训、演习和演练，才能应付事件应急时的紧张局面；同时，各行业或企业应根据实际情况制订符合自身实际、有针对性的应急预案，并做好衔接工作，做到有的放矢、有备无患。

70. 突发性水污染事件的主要处置技术有哪些？

（1）絮凝沉淀：絮凝沉淀是通过投加絮凝剂，使污染物形成沉淀，从水中分离的技术。主要絮凝剂有聚合硫酸铝、聚合氯化铝、聚合硫酸铁、硫化物以及助凝剂聚丙烯酰胺等。不同的絮凝剂对污染物去除效果不同。

（2）吸附：一般采用活性炭法。该方法对水体中有机污染物的清除，尤其是去除农药、酚、烃、洗涤剂等，有很理想的效果。

（3）化学沉淀：重金属水污染突发事件，可用生石膏、石灰等将重金属沉淀后去除。

（4）氧化：当水体受到还原性物质污染时，可通过向水体中投加氧化剂进行氧化分解，生成简单的无机物或易于从水中分离出来的物质，达到净化水体的目的。主要氧化剂有高锰酸钾、臭氧、含氯氧化剂。

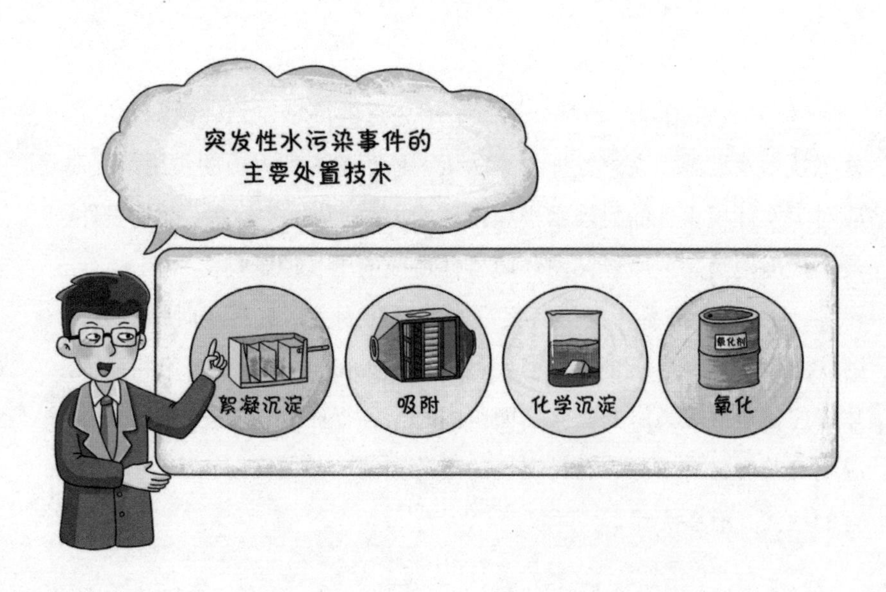

71. 突发环境事件中供水保障技术有哪些？

（1）活性炭吸附：在自来水厂中活性炭吸附方法主要有直接投加活性炭法和炭砂滤池改造法两种。容易被活性炭吸附的物质主要包括芳香溶剂类（苯、甲苯、硝基苯等）、氯化芳香烃类（多氯联苯、氯苯、氯萘等）、酚和氯酚类、多环芳烃类、农药及除草剂类、氯化烃类、高分子烃类。

（2）化学沉淀：与突发性水污染事件的主要处置技术中絮凝沉淀技术相同，使用时控制条件略有不同，化学沉淀技术应用于自来水厂中，通常为达到最佳去除效果调节原水 pH，使得反应条件达到最佳，以较小的投加量获得较高的污染物去除率，而在河道中投加絮凝剂，pH 较难控制，所以投加量通常偏大一些。

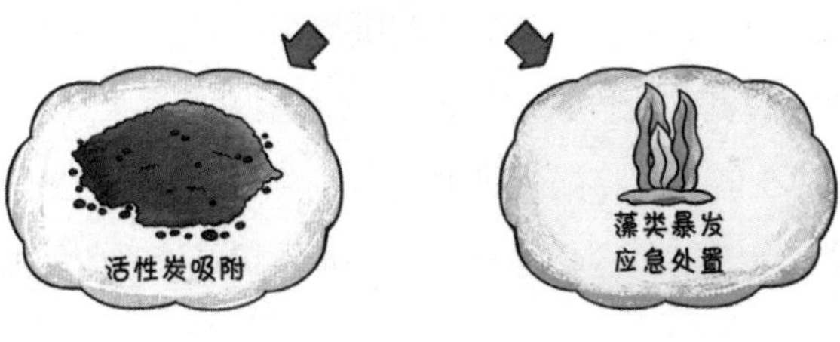

（3）化学氧化：与突发性水污染事件的主要处置技术中氧化技术相同，限于水厂现有条件，用于饮用水应急处理的氧化剂主要为氯、高锰酸钾、二氧化氯、过氧化氢、臭氧等。

（4）曝气吹脱：主要原理是将大量空气或者其他气体通入水体，增加水相和气相的接触面，利用挥发性有机物在水相和气相中的浓度差异将其从水相转移至气相从而去除。主要针对挥发性有机物污染。

（5）藻类暴发应急处置：水厂对于高藻水的除藻技术包括水源控藻避藻、预氧化除藻、强化混凝、增加气浮处理、强化过滤、增加超滤或微滤的后处理等。

72. 突发性大气污染的处置技术有哪些？

常见危险化学品突发性大气污染的处置技术有：

（1）硫化氢泄漏处置技术：合理通风，加速扩散。喷雾状水稀释、溶解。如果安全，可考虑引燃泄漏物以减少有毒气体扩散污染。也可将残余气或漏出气用排风机送至水洗塔或与塔相连的通风橱内，或使其通过三氯化铁水溶液被吸收。构筑围堤或挖坑收容产生的大量废水。如果已着火，若不能立即切断气源，则不允许熄灭正在燃烧的气体。灭火方法为喷水冷却容器，可能的话将容器从火场移至空旷处。小火采用二氧化碳、水幕或常规泡沫熄灭，大火采用水幕、雾状水或常规泡沫熄灭。

（2）氯气泄漏处置技术：构筑围堤或挖坑收容所产生的大量废水，将泄漏的液氯钢瓶投入碱液池，碱液池应足够大，碱量一般为理论消耗量的 1.5 倍，或将漏气钢瓶浸入石灰乳液中。实时检测空气中的氯气含量。当氯气含量超标时，应以喷雾状碱液吸收。如果已着火，应在上风处灭火，切断气源，喷水冷却容器，若可能，应将容器从火场移至空旷处。灭火剂采用雾状水、泡沫和干粉。

（3）氨气泄漏处置技术：少量泄漏时，可用沙土、蛭石等惰性吸收材料收集和吸附泄漏物；大量泄漏时，消除附近火源，增强通风。在保证安全的情况下，堵漏或翻转泄漏的容器以避免液氨漏出。用喷雾状水，以抑制蒸气或改变蒸气云的流向。但禁止用水直接冲击泄漏的液氨或泄漏源。如有可能，将残余气或漏出气用排风机送至水洗塔或与塔相连的通风橱内。构筑围堤或挖坑收容产生的大量废水。防止泄漏物进入水体、下水道、地下室或密闭性空间。

（4）石油液化气泄漏处置技术：立即进行隔离，隔离半径为800 m，隔离警戒区直至石油液化气浓度达到爆炸下限25％以下方可撤除。如果泄漏现场已着火，且火场内有储罐、槽车或罐车，则隔离范围为1 600 m。应积极冷却，稳定燃烧，防止爆炸。要组织足够的力量，将火势控制在一定范围内，用射流水冷却着火点及邻近罐壁，并保护毗邻建筑物免受火势威胁，控制火势不再扩大蔓延。在未切断泄漏源的情况下，严禁熄灭已稳定燃烧的火焰。待温度降下之后，向稳定燃烧的火焰喷干粉，覆盖火焰，终止燃烧，以达到灭火目的。

73. 突发性土壤污染的应急处理措施有哪些？

突发性土壤污染是指一种或多种污染物短时间、集中进入土壤或长期在土壤中累积，远远超过当地背景值，使得原来土壤的成分发生变化、丧失种植功能、土壤生物种群发生变化、植物大面积死亡，或造成地下水严重污染，通过食物链造成或可能引起土壤生物或人体健康风险。

针对不同的土壤污染，应急处理措施可以分为以下四类：

（1）针对人群的措施：及时抢救病人。

（2）针对被污染土壤的措施：①永久性密闭封存处理。采用密封材料（如黏土、水泥、沥青和有机密封剂）将受污染地区进行永久密闭封存，使其变为一个永久密封场所，适用于土壤大面积污染情况。②暂时保存法。对于污染面积较小的土壤场地，可先将其挖掘出来放在密封容器中暂存，待条件成熟时再处理。③焚烧法。采用焚烧的方式处理挖掘出来的土壤。④淋洗。开沟设立排水管淋洗土壤进行原位处理。⑤自然降解法。不断翻耕土壤，通过污染物的氧化和生物降解作用处理土壤。

（3）针对被污染产品的措施：主要指食品，对被污染的食品可

以采取下列控制措施：封存受污染的食品及原料；责令食品生产经营者收回已售出的受污染食品；经检验属于被污染的食品，予以销毁或监督销毁；未被污染的食品，予以解封；停止食品生产经营等。

（4）防止污染蔓延的措施：控制污染源，关闭污染作业场所；根据需要对事故现场划定警戒线，防止事态蔓延或扩散；加强污染监测，对污染现场的大气、水和土壤污染情况进行现场监测。

无论采取何种应急处理措施，都必须基于事故现场调查。现场调查是制订应急处理方案的关键，也直接决定具体应急处理措施。现场调查包括调查人员、时间、地点、危害的性质等。现场调查采取的措施有赖于现场处置的条件，如医疗救护条件、人员素质、现场环境、物资、设备、设施、技术与人才资源的储备等。

74. 突发海洋溢油事件应急处置技术有哪些？

（1）布设围油栏。

当溢油源已经被切断或者溢油量很少时，沿溢油漂移的方向布设围油栏，拖拉成特定的形状，如“U”形或“V”形，设置两套拖拉系统和一套悬臂支撑系统可以有效地聚集海面上分散的油膜。围油栏操作比较简单、灵活、可靠，但是布设围油栏受到多种因素的影响，如天气、浪高、处于内海或外海、海水流速等。

（2）采用可控燃烧法。

可控燃烧法是用防火浮油栅将被拦截的泄漏石油聚集在一起，将它们转移后烧掉。这一方法的缺点是在海岸附近燃烧油团时，会威胁野生动植物，破坏近岸海洋生态环境。可以先用围油栏将泄漏的原油围起来，然后用船将浮油拖到较为偏远的海域点火燃烧。

（3）喷洒消油剂。

消油剂由多种表面活性剂和强渗透性的溶剂组成，可用于海上溢油及清洁油污。消油剂可将水面浮油乳化，快速形成水包油型微粒子，降低油分浓度，增大油粒子的表面积。消油剂不但有利于石油的溶解和蒸发、生物降解和氧化作用的进行，还可以避免油粒子与水生生物直接接触，降低石油对海洋生态环境的破坏。另外，消油剂会使石油失去黏附力，防止海上船舶、建筑物和礁石上附有石油，同时水包油型乳状液可以避免石油的沉积。但是，在低温和高黏稠度的溢油环境中消油剂乳化率低甚至无效，同时消油剂使用量为溢油量的 1/5 左右，

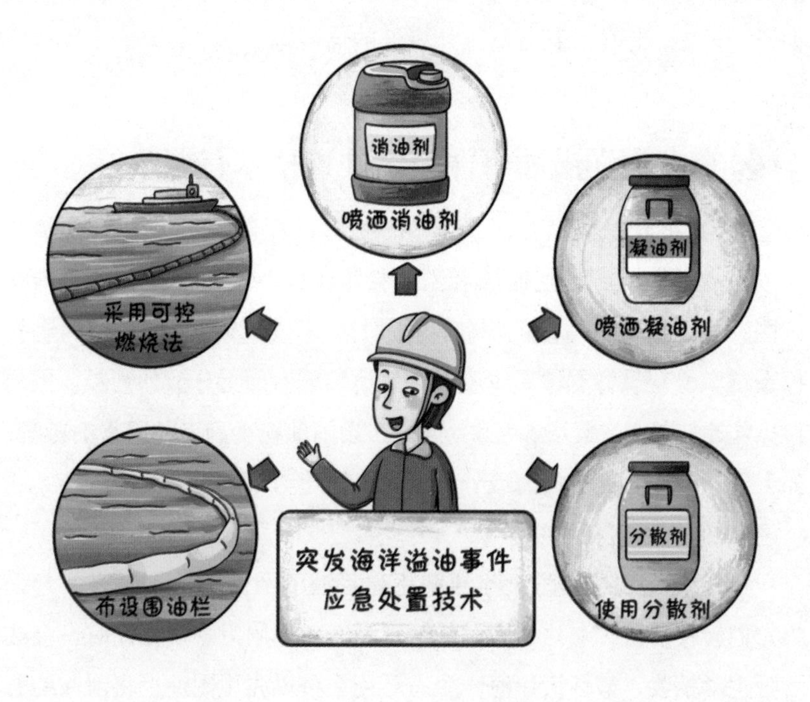

消耗大，成本高，而且油污在分解过程中会产生一些有害物质被海洋生物吸收积累，通过食物链进入人体，危害人体健康。

（4）喷洒凝油剂。

凝油剂是一种在短时间内将溢油固化成凝胶状或块状的化学试剂。凝胶状或块状油漂浮在水面上，用易于打捞的机械设备捞出水面。凝油剂适用于溢油面积广、油膜薄的溢油事故。凝油剂虽然能将溢油凝固，但未必能将分散于水中的油积聚起来，即对乳化油不一定有破乳作用。

（5）使用分散剂。

分散剂在接触到水面上的浮油后，能将片状或块状原油分散成薄膜或油滴，再通过自然界中微生物的作用逐步分解，从而在生态系统中消除溢油。使用分散剂只能除去少量且不再增加的泄漏原油，对于大规模溢油的应急处置不适用。由于分散剂容易引起二次污染，在使用前要尽可能筛选毒性小、效果好的分散剂。

75. 危险废物在应急响应阶段有豁免条例吗？

根据《国家危险废物名录》中危险废物豁免管理清单的规定，由危险化学品、危险废物造成的突发环境事件及其处理过程中产生的废物，经接收地县级以上生态环境主管部门同意，按事发地县级以上地方生态环境主管部门提出的应急处置方案进行转移、处置或利用，转移过程、处置或利用过程可不按危险废物进行管理。

76. 水华、赤潮、绿潮应急处置技术有哪些？

水华、赤潮、绿潮应急处置通常采用物理、化学、生物等手段进行。常见的物理方法有机械除藻、（改性）黏土除藻、曝气气浮法和生态调水法等，常见的化学方法有絮凝沉降法、使用化学除藻剂等，常见的生物方法有投放食藻水生生物、投放生物抑制剂等。

第五部分
突发环境事件后期工作

77. 突发环境事件应急响应终止后的工作包括哪些内容？

根据《国家突发环境事件应急预案》，当事件条件已经排除、污染物质已降至规定限值以内、所造成的危害基本消除时，由启动响应的人民政府终止应急响应。突发环境事件应急响应终止后的工作主要包括：

（1）损害评估：突发环境事件应急响应终止后，要及时组织开展污染损害评估，并将评估结果向社会公布。评估结论作为事件调查处理、损害赔偿、环境修复和生态恢复重建的依据。

（2）事件调查：突发环境事件发生后，根据有关规定，由生态环境主管部门牵头，可会同监察机关及相关部门，组织开展事件调查，查明事件原因和性质，提出整改防范措施和处理建议。

（3）善后工作：突发环境事件应急响应终止后，事发地人民政府要及时组织制订补助、补偿、抚慰、抚恤、安置和环境恢复等善后工作方案并组织实施。保险机构要及时开展相关理赔工作。

78. 应急处置阶段损害评估工作内容包括哪些？

应急处置阶段损害评估工作内容包括：计算应急处置阶段可量化的应急处置费用、人身损害、财产损害、生态环境损害等各类直接经济损失；划分生态功能丧失程度；判断是否需要启动中长期损害评估。

直接经济损失指与突发环境事件有直接因果关系的损害，为人身损害、财产损害、生态环境损害、应急处置费用以及应急处置阶段可以确定的其他直接经济损失的总和。

应急处置费用包括应急处置阶段各级政府与相关单位为预防或者减少突发环境事件造成的各类损害支出的污染控制、污染清理、应急监测、人员转移安置等费用。应急处置费用统计时各项损害是指由于环境污染、生态破坏或者应急处置而造成的直接经济损失，不包括由于地震等自然灾害、火灾、爆炸或生产安全事故等造成的损失。

79. 应急处置费用确认的原则有哪些?

应急处置费用指突发环境事件应急处置期间，为减轻或消除对公众健康、公私财产和生态环境造成的危害，各级政府与相关单位针对可能或已经发生的突发环境事件而采取的行动和措施所发生的费用。应急处置费用确认的原则如下：

（1）费用在应急处置阶段产生。

（2）应急处置费用是以控制污染源或生态破坏行为、减少经济社会影响为目的，依据有关部门制订的应急预案或基于现场调查的处置、监测方案采取行动而发生的费用。

80. 人身损害的确认应满足哪些条件?

人身损害指因突发环境事件导致人的生命、健康、身体遭受侵害，造成人体疾病、残疾、死亡或精神状态的可观察的或可测量的不利改变。人身损害的确认主要以流行病学调查资料及个体暴露的潜伏期和特有临床表现为依据，应满足以下条件：

（1）环境暴露与人身损害间存在严格的时间先后顺序。环境暴露发生在前，个体症状或体征发生在后。

（2）个体或群体存在明确的环境暴露。人体经呼吸道、消化道或皮肤接触等途径暴露于环境污染物，且与环境介质中污染物与污染源排放或倾倒的污染物具有一致性或直接相关性。

（3）个体或群体因环境暴露而表现出特异性症状、体征或严重的非特异性症状，排除其他非环境因素如职业病、地方病等所致的相似健康损害。

（4）由专业医疗或鉴定机构出具的鉴定意见。

81. 财产损害的确认应满足哪些条件？

财产损害指因突发环境事件直接造成的财产损毁或价值减少，以及为保护财产免受损失而支出的必要的、合理的费用。财产损害的确认应满足下列条件：

（1）被污染财产暴露于污染发生区域。

（2）污染与损害发生的时间次序合理，污染排放发生在先，损害发生在后。

（3）财产所有者为防止财产和健康损害的继续扩大，对被污染财产进行清理并产生费用。

（4）财产所有者非故意将财产暴露于被污染的环境中，且在采取了合理的、必要的应急处置措施以后，被污染财产仍无法正常使用或使用功能下降。

82. 生态环境损害的确认应满足哪些条件？

生态环境损害指由突发环境事件直接或间接导致的生态环境的物理、化学或生物特性可观察的或可测量的不利改变，以及提供生态系统服务能力的破坏或损伤。生态环境损害的确认应满足下列条件：

（1）环境暴露与环境损害间存在时间先后顺序。环境暴露发生在前，环境损害发生在后。

（2）环境暴露与环境损害间的关联具有合理性。环境暴露导致环境损害的机理可由生物学、毒理学等理论做出合理解释。

（3）环境暴露与环境损害间的关联具有一致性。环境暴露与环境损害间的关联在不同时间、地点和研究对象中得到重复性验证。

（4）环境暴露与环境损害间的关联具有特异性。环境损害发生在特定的环境暴露条件下，不由其他原因导致。由于环境暴露与环境损害间可能存在单因多果、多因多果等复杂因果关系，因此，对环境暴露与环境损害间关联的特异性不作强制性要求。

（5）存在明确的污染来源和污染排放行为。直接或间接证据表明污染源存在明确的污染排放行为，包括物证、书证、证人证言、笔录、视听资料等。

（6）空气、地表水、地下水、土壤等环境介质中存在污染物，且与污染源产生或排放的污染物（或污染物的转化产物）具有一致性。

（7）污染物传输路径的合理性。当地气候气象、地形地貌、水文条件等自然环境条件存在污染物从污染源迁移至污染区域的可能，且其传输路径与污染源排放途径相一致。

（8）评估区域内环境介质（地表水、地下水、空气、土壤等）中污染物浓度超过基线水平或国家及地方环境质量标准，或评估区域环境介质中的生物种群出现死亡、数量下降等现象。

生态环境损害的确认应满足下列条件：
（1）环境暴露与环境损害间存在时间先后顺序；
（2）环境暴露与环境损害间的关联具有合理性；
（3）环境暴露与环境损害间的关联具有一致性；
（4）环境暴露与环境损害间的关联具有特异性；
（5）存在明确的污染来源和污染排放行为；
（6）空气、地表水、地下水、土壤等环境介质中存在污染物，且与污染源产生或排放的污染物（或污染物的转化产物）具有一致性；
（7）污染物传输路径的合理性；
（8）评估区域内环境介质（地表水、地下水、空气、土壤等）中污染物浓度超过基线水平或国家及地方环境质量标准，或评估区域环境介质中的生物种群出现死亡、数量下降等现象。

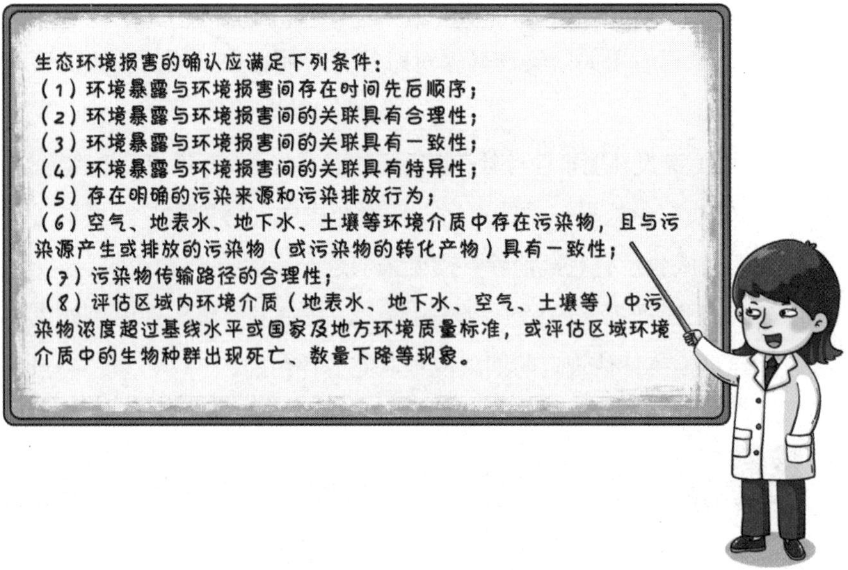

83. 需开展人身损害中长期评估的情形有哪些？

发生下列情形之一的，需开展人身损害的中长期评估：

（1）已发生的污染物暴露对人体健康可能存在长期的、潜伏性的影响的。

（2）突发环境事件与人身损害间的因果关系在短期内难以判定的。

（3）应急处置行动结束后，环境介质中的污染物浓度水平对公众健康的潜在威胁无法在短期内完全消除，需要对周围的敏感人群采取搬迁等防护措施的。

（4）人身损害的受影响人数较多，在突发环境事件应急处置阶段的环境损害评估规定期限内难以完成评估的。

84. 需开展财产损害中长期评估的情形有哪些？

发生下列情形之一的，需开展财产损害的中长期评估：

（1）已发生的污染物暴露对财产有可能存在长期的、潜伏性的影响的。

（2）突发环境事件与财产损害间的因果关系在短期内难以判定的。

（3）应急处置行动结束后，环境介质中的污染物浓度水平对财产的潜在威胁没有完全消除，需要采取进一步的防护措施的。

（4）财产损害的受影响范围较大，在突发环境事件应急处置阶段的环境损害评估规定的期限内难以完成评估的。

85. 需开展生态环境损害中长期评估的情形有哪些？

发生下列情形之一的，需开展生态环境损害的中长期评估：

（1）应急处置行动结束后，环境介质中的污染物的浓度水平超过了基线水平并且在 1 年内难以恢复至基线水平的。

（2）应急处置行动结束后，环境介质中的污染物的浓度水平或应急处置行动产生的二次污染对公众健康或生态环境构成的潜在威胁没有完全消除的。

86. 针对突发环境事件调查的管辖有哪些规定？

按照突发环境事件级别分别由不同级别生态环境主管部门组织调查处理，开展调查工作。一般而言，生态环境部负责组织重大和特别重大突发环境事件的调查处理，省级生态环境主管部门负责组织较大突发环境事件的调查处理，事发地设区的市级生态环境主管部门视情况组织一般突发环境事件的调查处理。

上级生态环境主管部门可以视情况委托下级生态环境主管部门开展突发环境事件调查处理，也可以对由下级生态环境主管部门负责的突发环境事件直接组织调查处理，并及时通知下级生态环境主管部门。

下级生态环境主管部门对其负责的突发环境事件，认为需要由上一级生态环境主管部门调查处理的，可以报请上一级生态环境主管部门决定。

87. 突发环境事件调查组的组成人员有哪些？

突发环境事件调查应当成立调查组，由生态环境主管部门主要负责人或者主管环境应急管理工作的负责人担任组长，应急管理、环境监测、环境影响评价管理、环境监察等相关机构的有关人员参加。

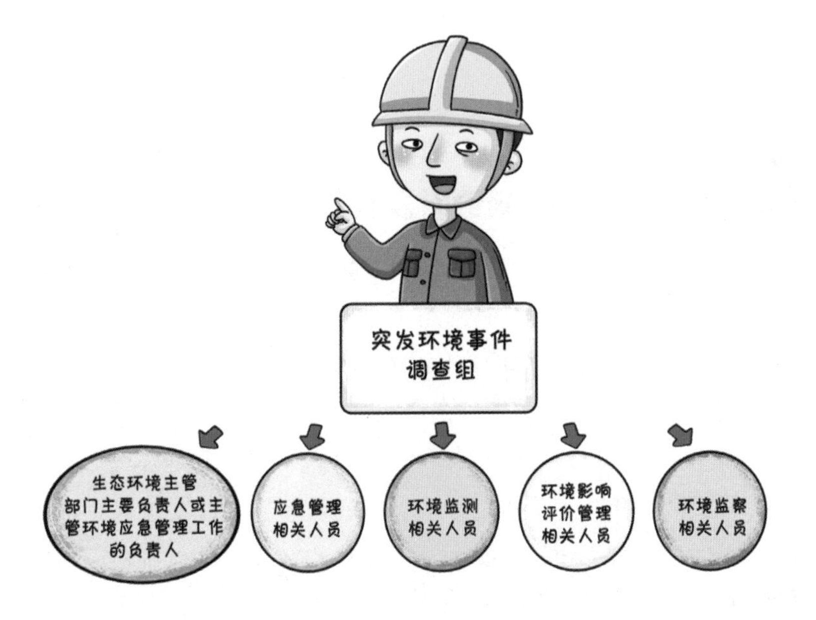

生态环境主管部门可以聘请环境应急专家库内专家和其他专业技术人员协助调查。

生态环境主管部门可以根据突发环境事件的实际情况邀请公安、交通运输、水利、农业、卫生、安全监管、林业、地震等有关部门或者机构参加调查工作。

调查组可以根据实际情况分为若干工作小组开展调查工作。工作小组负责人由调查组组长确定。

88. 突发环境事件调查期限有什么要求？

特别重大突发环境事件、重大突发环境事件的调查期限为60日，较大突发环境事件和一般突发环境事件的调查期限为30日。突发环境事件污染损害评估所需时间不计入调查期限。

调查组应当按照规定的期限完成调查工作，并向同级人民政府和上一级生态环境主管部门提交调查报告。

调查期限从突发环境事件应急状态终止之日起计算。

89. 突发环境事件调查时发现违法行为该怎么办？

突发环境事件调查过程中发现突发环境事件发生单位涉及环境违法行为的，调查组应当及时向相关生态环境主管部门提出处罚建议。相关生态环境主管部门应当依法对事发单位及责任人员予以行政处罚；涉嫌构成犯罪的，依法移送司法机关追究刑事责任。发现其他违法行为的，生态环境主管部门应当及时向有关部门移送。

发现国家行政机关及其工作人员、突发环境事件发生单位中由国家行政机关任命的人员涉嫌违法乱纪的，生态环境主管部门应当依法及时向监察机关或者有关部门提出处分建议。

第六部分
突发环境事件适用主要法律法规及标准

90.《中华人民共和国环境保护法》涉及突发环境事件的主要内容有哪些？

《中华人民共和国环境保护法》由中华人民共和国第十二届全国人民代表大会常务委员会第八次会议于2014年4月24日修订通过，自2015年1月1日起施行。

该法共7章70条，其中，第四十七条规定各级人民政府及其有关部门和企业事业单位，应当依照《中华人民共和国突发事件应对法》的规定，做好突发环境事件的风险控制、应急准备、应急处置和事后恢复等工作。

县级以上人民政府应当建立环境污染公共监测预警机制，组织制订预警方案；环境受到污染，可能影响公众健康和环境安全时，依法及时公布预警信息，启动应急措施。

企业、事业单位应当按照国家有关规定制订突发环境事件应急预案，报生态环境主管部门和有关部门备案。在发生或者可能发生突发环境事件时，企业、事业单位应当立即采取措施处理，及时通报可能受到危害的单位和居民，并向生态环境主管部门和有关部门报告。

突发环境事件应急处置工作结束后，有关人民政府应当立即组织评估事件造成的环境影响和损失，并及时将评估结果向社会公布。

91.《中华人民共和国水污染防治法》涉及突发环境事件的主要内容有哪些？

《中华人民共和国水污染防治法》由中华人民共和国第十二届全国人民代表大会常务委员会第二十八次会议于 2017 年 6 月 27 日修订通过，自 2018 年 1 月 1 日起施行。

该法共 8 章 103 条，其中第六章对水污染事故应急处置做了相关规定，以减少水污染事故对环境造成的危害。一是规定各级人民政府及其有关部门、可能发生水污染事故的企业、事业单位，依照《中华人民共和国突发事件应对法》的规定，做好突发水污染事故的应急准备、应急处置和事后恢复等工作。二是规定可能发生水污染事故的企业事业单位，应当制订有关水污染事故的应急方案，做好应急准备，并定期进行演练。生产、储存危险化学品的企业事业单位，应当采取措施，防止在处理安全生产事故中产生的可能严重污染水体的消防废水、废液直接排入水体。三是规定企业事业单位发生事故或者其他突发性事件，造成或者可能造成水污染事故的，应当立即启动本单位的应急方案，采取隔离等应急措施，防止水污染物进入水体，并向事故

发生地的县级以上地方人民政府或者生态环境主管部门报告。生态环境主管部门接到报告后，应当及时向本级人民政府报告，并抄送有关部门。造成渔业污染事故或者渔业船舶造成水污染事故的，应当向事故发生地的渔业主管部门报告，接受调查处理。其他船舶造成水污染事故的，应当向事故发生地的海事管理机构报告，接受调查处理；给渔业造成损害的，海事管理机构应当通知渔业主管部门参与调查处理。四是规定市、县级人民政府应当组织编制饮用水安全突发事件应急预案。饮用水供水单位应当根据应急预案制订相应的应急方案，报所在地市、县级人民政府备案，并定期进行演练。饮用水水源发生水污染事故，或者发生其他可能影响饮用水安全的突发性事件，饮用水供水单位应当采取应急处理措施，向所在地市、县级人民政府报告，并向社会公开。有关人民政府应当根据情况及时启动应急预案，采取有效措施，保障供水安全。

92.《中华人民共和国大气污染防治法》涉及突发环境事件的主要内容有哪些？

《中华人民共和国大气污染防治法》由中华人民共和国第十三届全国人民代表大会常务委员会第六次会议于 2018 年 10 月 26 日修订通过，自 2018 年 10 月 26 日起施行。

该法共 8 章 129 条，其中第九十七条规定发生造成大气污染的突发环境事件，人民政府及其有关部门和相关企业事业单位，应当依照《中华人民共和国突发事件应对法》《中华人民共和国环境保护法》的规定，做好应急处置工作。生态环境主管部门应当及时对突发环境事件产生的大气污染物进行监测，并向社会公布监测信息。

93.《中华人民共和国土壤污染防治法》涉及突发环境事件的主要内容有哪些？

《中华人民共和国土壤污染防治法》由中华人民共和国第十三届全国人民代表大会常务委员会第五次会议于 2018 年 8 月 31 日通过，自 2019 年 1 月 1 日起施行。

该法共 7 章 99 条，其中第四十四条规定发生突发事件可能造成土壤污染的，地方人民政府及其有关部门和相关企业事业单位以及其他生产经营者应当立即采取应急措施，防止土壤污染，并依照本法规定做好土壤污染状况监测、调查和土壤污染风险评估、风险管控、修复等工作。

94.《中华人民共和国固体废物污染环境防治法》涉及突发环境事件的主要内容有哪些？

《中华人民共和国固体废物污染环境防治法》由中华人民共和国第十三届全国人民代表大会常务委员会第十七次会议于 2020 年 4 月 29 日修订通过，自 2020 年 9 月 1 日起施行。

该法共 9 章 126 条，其中第八十六条规定，因发生事故或者其他突发性事件，造成危险废物严重污染环境的单位，应当立即采取有效措施消除或者减轻对环境的污染危害，及时通报可能受到污染危害的单位和居民，并向所在地生态环境主管部门和有关部门报告，接受调查处理。

95.《中华人民共和国海洋环境保护法》涉及突发环境事件的主要内容有哪些？

《中华人民共和国海洋环境保护法》由中华人民共和国第十二届全国人民代表大会常务委员会第三十次会议于 2017 年 11 月 4 日修订通过，自 2017 年 11 月 5 日起施行。

该法共 10 章 97 条，其中第十八条规定国家根据防止海洋环境污染的需要，制订国家重大海上污染事故应急计划。国家海洋行政主管部门负责制订全国海洋石油勘探开发重大海上溢油应急计划，报国务院环境保护行政主管部门备案。国家海事行政主管部门负责制订全国船舶重大海上溢油污染事故应急计划，报国务院环境保护行政主管部门备案。沿海可能发生重大海洋环境污染事故的单位，应当依照国家规定，制订污染事故应急计划，并向当地环境保护行政主管部门、海洋行政主管部门备案。沿海县级以上地方人民政府及其有关部门在发生重大海上污染事故时，必须按照应急计划解除或者减轻危害。

第七十一条规定船舶发生海难事故，造成或者可能造成海洋环境重大污染损害的，国家海事行政主管部门有权强制采取避免或者减少污染损害的措施。

对在公海上因发生海难事故，造成中华人民共和国管辖海域重大污染损害后果或者具有污染威胁的船舶、海上设施，国家海事行政主管部门有权采取与实际的或者可能发生的损害相称的必要措施。

96.《中华人民共和国突发事件应对法》的主要内容有哪些？

《中华人民共和国突发事件应对法》由第十届全国人民代表大会常务委员会第二十九次会议于 2007 年 8 月 30 日通过，自 2007 年 11 月 1 日起施行。

该法共 7 章 70 条，从预防与应急准备、监测与预警、应急处置与救援、事后恢复与重建等方面作出具体规定，并对违反其中各条规定应受的处罚及应承担的法律责任作出明确规定。

97.《突发环境事件应急管理办法》的主要内容有哪些？

《突发环境事件应急管理办法》由环境保护部部务会议于 2015 年 3 月 19 日通过，自 2015 年 6 月 5 日起施行。

该办法共 8 章 40 条，从突发环境事件风险控制、应急准备、应急处置、事后恢复、信息公开等方面作出具体规定，并对违反其中各条规定应受的处罚及应承担的法律责任作出明确规定。该办法是进一步规范环境应急管理工作的需要，也是进一步理顺环境应急管理体制机制的迫切需要，有助于从总体上加强环境应急管理工作，有效应对突发环境事件严峻形势，有力维护保障环境安全，促进经济社会协调发展。

98.《突发环境事件信息报告办法》的主要内容有哪些？

《突发环境事件信息报告办法》由环境保护部2011年第一次部务会议于2011年3月24日审议通过，自2011年5月1日起施行。

该办法共17条，其与最新的突发环境事件分级标准相衔接，规定了“核实—初步认定—分情况报告”的报告程序，并对报告时限做出明确界定。对初步认定为一般或者较大突发环境事件的，事件发生地设区的市级或者县级人民政府环境保护主管部门应当在4小时内向本级人民政府和上一级人民政府环境保护主管部门报告。对于初步认定为重大或者特别重大突发环境事件的，事件发生地设区的市级或者县级人民政府环境保护主管部门应当在2小时内向本级人民政府和省

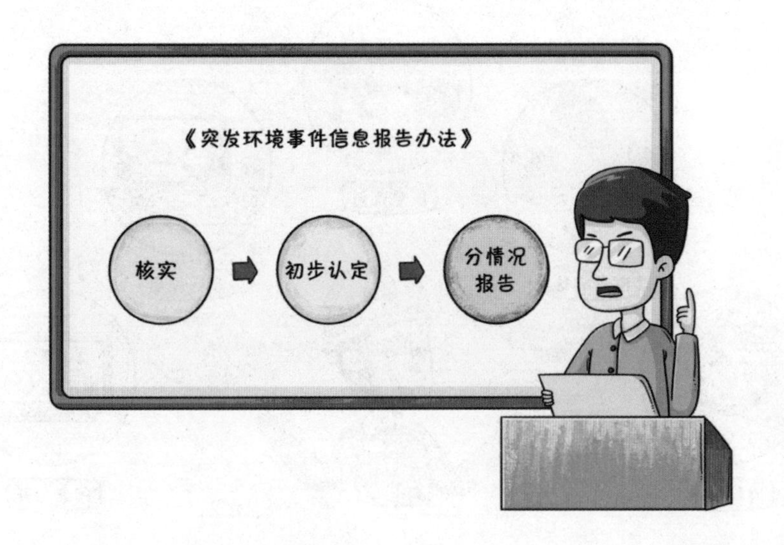

级人民政府环境保护主管部门报告，同时上报环境保护部。省级人民政府环境保护主管部门接到报告后，应当进行核实，并在1小时内报告环境保护部。

该办法还规定六类事件必须上报，统一信息报告形式，明确信息报告内容，加强日常管理，完善报告制度，区分不同情况，严格责任追究。

99.《突发环境事件应急处置阶段环境损害评估推荐方法》包括哪些内容？

《突发环境事件应急处置阶段环境损害评估推荐方法》由环境保护部办公厅于2014年12月31日印发。

该方法主要包括九个方面的内容。一是明确方法的适用对象，适用于在中华人民共和国领域内突发环境事件应急处置阶段的环境损害评估工作。污染物排放、倾倒或泄漏等不构成突发环境事件，且没有造成中长期环境损害的情形，也参照此方法进行评估。二是简化评估程序，为适应应急处置阶段快速评估的需求，该方法根据环境事件级别，提出分类的环境损害评估程序。三是明确界定直接经济损失，直接经济损失是与突发环境事件有直接因果关系的损害，为人身损害、财产损害、应急处置费用、生态环境损害以及应急处置阶段可以确定的其他直接经济损失的总和。四是重点规范应急处置费用的计算内容和方法。应急处置行动主要包括污染控制、污染清理、应急监测、人员转移安置等。五是针对不同程度生态环境损害分别计算，分为4种情况：第一种情况，没有造成生态环境损害，无须进行后续生态环

境损害评估；第二种情况，应急处置阶段可以判断和计算生态环境修复费用；第三种情况，由于生态环境损害观测或应急监测不及时等原因导致损害事实不明确；第四种情况，造成的生态环境损害难以在应急处置阶段内评估和计算。六是为快速定性生态环境损害提供依据。七是明确应急处置阶段人身损害的计算范围。八是开展中长期评估的条件。九是与《刑法释义》第三百三十八条的衔接。

100.《突发环境事件调查处理办法》主要包括哪些内容?

《突发环境事件调查处理办法》由环境保护部部务会议于2014年12月15日审议通过，自2015年3月1日起施行。

该办法共23条，在对近年来突发环境事件调查处理工作进行全面梳理、认真总结的基础上，对五个方面内容做了相关规定。一是对事件调查的原则、管辖等一般性问题进行了规定。二是对突发环境事件调查组的组织形式、纪律做出了规定。三是对调查方案、调查程序、污染损害评估等内容进行了规定。四是对调查对象、调查报告、调查期限等问题进行了规定。五是对事件后续处理和其他问题做出了规定。

101.突发环境事件适用的标准有哪些?

突发水污染事件执行的水环境质量标准包括《地表水环境质量标准》（GB 3838—2002）、《生活饮用水卫生标准》（GB 5749—2006）、《农田灌溉水质标准》（GB 5084—2021）、《渔业水质标准》（GB 11607—1989）。

突发大气污染事件执行的环境质量标准包括《环境空气质量标准》（GB 3095—2012）。

突发土壤污染事件执行的环境质量标准包括《土壤环境质量　农用地土壤污染风险管控标准（试行）》（GB 15618—2018）、《土壤环境质量　建设用地土壤污染风险管控标准（试行）》（GB 36600—

2018）。

突发地下水污染事件执行的环境质量标准包括《地下水质量标准》（GB/T 14848—2017）。

突发海洋污染事件执行的环境质量标准包括《海水水质标准》（GB 3097—1997）、《海洋生物质量》（GB 18421—2001）、《海洋沉积物质量》（GB 18668—2002）。

危险废物鉴定执行的标准包括《危险废物鉴别标准　通则》（GB 5085.7 —2019）、《危险废物鉴别标准　腐蚀性鉴别》（GB 5085.1—2007）、《危险废物鉴别标准　急性毒性初筛》（GB 5085.2—2007）、《危险废物鉴别标准　浸出毒性鉴别》（GB 5085.3—2007）、《危险废物鉴别标准　易燃性鉴别》（GB 5085.4—2007）、《危险废物鉴别标准　反应性鉴别》（GB 5085.5—2007）、《危险废物鉴别标准　毒性物质含量鉴别》（GB 5085.6—2007）。

突发水污染事件执行的水环境质量标准	《地表水环境质量标准》（GB 3838—2002） 《生活饮用水卫生标准》（GB 5749—2006） 《农田灌溉水质标准》（GB 5084—2021） 《渔业水质标准》（GB 11607—1989）
突发大气污染事件执行的环境质量标准	《环境空气质量标准》（GB 3095—2012）
突发土壤污染事件执行的环境质量标准	《土壤环境质量 农用地土壤污染风险管控标准（试行）》（GB 15618—2018） 《土壤环境质量 建设用地土壤污染风险管控标准（试行）》（GB 36600—2018）
突发地下水污染事件执行的环境质量标准	《地下水质量标准》（GB/T 14848—2017）
突发海洋污染事件执行的环境质量标准	《海水水质标准》（GB 3097—1997） 《海洋生物质量》（GB 18421—2001） 《海洋沉积物质量》（GB 18668—2002）
危险废物鉴定执行的标准	《危险废物鉴别标准 通则》（GB 5085.7—2019） 《危险废物鉴别标准 腐蚀性鉴别》（GB 5085.1—2007） 《危险废物鉴别标准 急性毒性初筛》（GB 5085.2—2007） 《危险废物鉴别标准 浸出毒性鉴别》（GB 5085.3—2007） 《危险废物鉴别标准 易燃性鉴别》（GB 5085.4—2007） 《危险废物鉴别标准 反应性鉴别》（GB 5085.5—2007） 《危险废物鉴别标准 毒性物质含量鉴别》（GB 5085.6—2007）

突发环境事件适用的标准

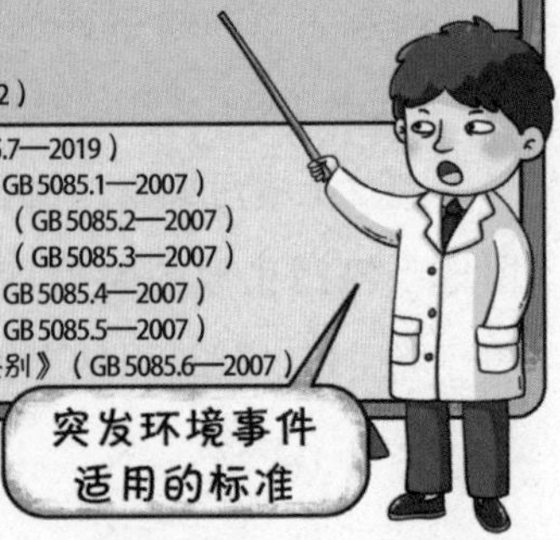

102. 城市居民供水水质标准是什么？

《生活饮用水卫生标准》水质常规指标及限值

指　标	限　值
1. 微生物指标①	
总大肠菌群（MPN/100 mL 或 CFU/100 mL）	不得检出
耐热大肠菌群（MPN/100 mL 或 CFU/100 mL）	不得检出
大肠埃希氏菌（MPN/100 mL 或 CFU/100 mL）	不得检出
菌落总数（CFU/mL）	
2. 毒理指标	
砷（mg/L）	0.01
镉（mg/L）	0.005
铬（六价，mg/L）	0.05
铅（mg/L）	0.01
汞（mg/L）	0.001
硒（mg/L）	0.01
氰化物（mg/L）	0.05
氟化物（mg/L）	1.0
硝酸盐（以 N 计，mg/L）	10（地下水源限制时为 20）
三氯甲烷（mg/L）	0.06
四氯化碳（mg/L）	0.002
溴酸盐（使用臭氧时，mg/L）	0.01
甲醛（使用臭氧时，mg/L）	0.9
亚氯酸盐（使用二氧化氯消毒时，mg/L）	0.7
氯酸盐（使用复合二氧化氯消毒时，mg/L）	0.7
3. 感官性状和一般化学指标	
色度（铂钴色度单位）	15
浑浊度（散射浑浊度单位，NTU）	1（水源与净水技术条件限制时为 3）
臭和味	无异臭、异味
肉眼可见物	无
pH	不小于 6.5 且不大于 8.5
铝（mg/L）	0.2
铁（mg/L）	0.3
锰（mg/L）	0.1
铜（mg/L）	1.0
锌（mg/L）	1.0
氯化物（mg/L）	250
硫酸盐（mg/L）	250
溶解性总固体（mg/L）	1 000
总硬度（以 $CaCO_3$ 计，mg/L）	450
耗氧量（COD_{Mn} 法，以 O_2 计，mg/L）	3（水源限制，原水耗氧量 > 6 mg/L 时为 5）
挥发酚类（以苯酚计，mg/L）	0.002
阴离子合成洗涤剂（mg/L）	0.3
4. 放射性指标②	
总 α 放射性（Bq/L）	0.5（指导值）
总 β 放射性（Bq/L）	1（指导值）

注：① MPN 表示最可能数；CFU 表示菌落形成单位。当水样检出总大肠菌群时，应进一步检验大肠埃希氏菌或耐热大肠菌群；水样未检出总大肠菌群，不必检验大肠埃希氏菌或耐热大肠菌群。

②放射性指标超过指导值，应进行核素分析和评价，判定能否饮用。

《生活饮用水卫生标准》（GB 5749—2006）规定了生活饮用水水质卫生要求、生活饮用水水源水质卫生要求、集中式供水单位卫生要求、二次供水卫生要求、涉及生活饮用水卫生安全产品卫生要求、水质监测和水质检测方法，包括106项水质指标。不仅适用于城乡各类集中式供水的生活饮用水，也适用于分散式供水的生活饮用水。

第七部分
社会责任与公众参与

103. 面对环境风险，公众应学会哪些预防措施？

面对环境风险，公众应学会以下预防措施：远离危险源；工作、生活场合安装自动监测可燃气体、有毒气体系统，报警装置，防火、防爆、防中毒；常备急救包，保证配备的相关设备和资源可随时处理紧急情况；保证定期检查和更新设备，如灭火器、急救包、报警装置的定期检查和维护；消除隐患，熟悉应急救援设施及救援通道；积极参加环境风险应急预演和知识培训，提高应对风险的能力。

104. 公众可在突发环境事件应急预案编制中发挥哪些作用？

环境问题涉及公众最关心、最直接、最根本的问题，公众在突发环境事件应急预案编制中可发挥以下作用：配合环保人员进行风险源的调查，以便合理安排应急措施；通过提出合理性的应急措施，保证应急预案编制的合理性、实用性和可操作性；定期参与预案演练，可加强协调配合，提高整体联动能力，针对预案演练中发现的问题及时对预案进行修订和完善。

105. 环境污染投诉与举报途径有哪些？

（1）全国统一的环保举报热线电话“12369”。“12369”是环保举报热线，根据《环保举报热线工作管理办法》设立，公民、法人或者其他组织通过拨打环保举报热线电话，向各级生态环境主管部门举报环境污染或者生态破坏事项，请求生态环境主管部门依法处理。

（2）“12369 环保举报”微信公众号。

（3）“12369”网络举报平台网站。

（4）环保部门官方微博。

106. 公众如何参与突发环境事件应急处置？

公众作为突发环境事件公众参与中的参与主体，在突发环境事件应对中扮演着多重角色：一是直接作为参与应急处置的主体，积极主动地参与到突发环境事件应对当中去，充分发挥主观能动性，减轻突发环境事件带来的损害，而不是消极旁观。二是作为政府处置措施的相对人，积极配合政府的应对行动，并全力支持政府采取的措施。公众参与并不是时时处处地主动参与，在一些领域，政府部门有着无可比拟的优势，此时，公众应力求配合，实现政府部门应对效率的最大化，这也是一种参与方式。三是作为监督政府等部门职责的履行的监督人，监督政府部门将相关法律政策落到实处。突发环境事件应对中的公众参与是多主体、全过程的整体性参与，应充分利用以形成社会整体性应急力量。

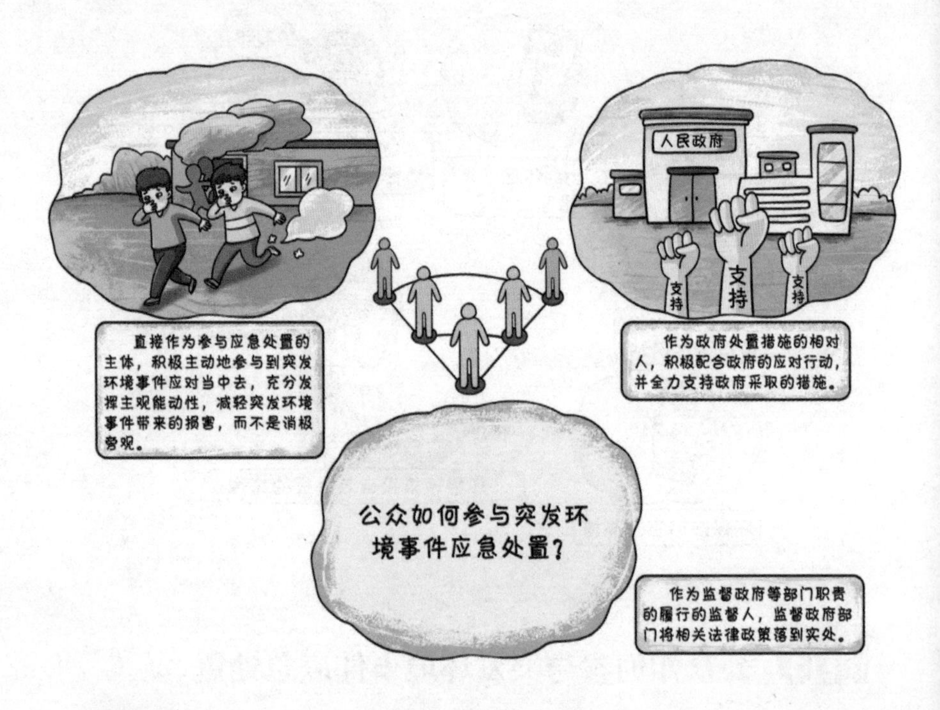

107. 为应对突发环境事件可以征用个人财产吗？

《中华人民共和国突发事件应对法》第十二条规定：有关人民政府及其部门为应对突发事件，可以征用单位和个人的财产。被征用的财产在使用完毕或者突发事件应急处置工作结束后，应当及时返还。财产被征用或者征用后毁损、灭失的，应当给予补偿。

108. 公众应学会哪些自救互救技术?

灾害发生时，公众的自救互救能第一时间抢救伤员，为后续救治赢得时间，减少损伤。基本的自救互救技术包括：

（1）当发生皮肤接触时，应立即脱去污染的衣服，用肥皂水及清水彻底清洗皮肤。

（2）当发生眼睛接触时，应立即提起眼睑，用大量流动清水或生理盐水冲洗眼睛。

（3）当吸入有毒有害气体时，应迅速脱离现场至空气新鲜处。注意保暖，呼吸困难时给予输氧。对呼吸及心跳停止者应立即施行人工呼吸和心脏按压术，并及时就医。

（4）食入有毒有害物质时，及时给误服者漱口、饮水、催吐，并立即送往医院。

109. 公众编造并传播有关突发环境事件的虚假信息有什么后果?

当发生突发环境事件时，公众可通过当地人民政府、生态环境部门、新闻报道等相关官网获取权威信息，面对网络传播消息，公众应该做到不造谣、不传谣。

《中华人民共和国突发事件应对法》第六十五条规定，编造并传播有关突发事件事态发展或者应急处置工作的虚假信息，或者明知是有关突发事件事态发展或者应急处置工作的虚假信息而进行传播的，应责令改正，给予警告；造成严重后果的，依法暂停其业务活动或者吊销其执业许可证；负有直接责任的人员是国家工作人员的，还应当对其依法给予处分；构成违反治安管理行为的，由公安机关依法给予处罚。

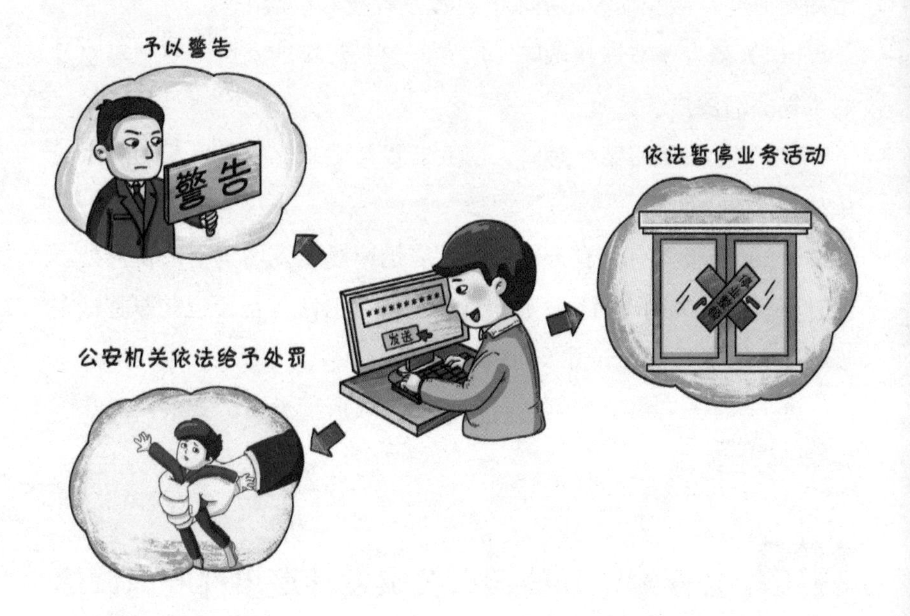

110. 突发环境事件发生后公众如何维护自身权益？

一般环境维权途径包括七种：与排污者进行协商或让第三方进行调解，要求排污者停止污染、赔偿损失；向当地行政部门举报和投诉，要求其依法查处环境违法行为；请求人民政府或环保部门进行行政处理；向人民法院起诉，维护自己的环境权益；向政府的法律援助机构或相关民间环保组织寻求法律援助；向人大代表反映情况，请求权力机关进行监管；向新闻媒体反映情况，寻求舆论监督。

公众遇到环境侵权时，一般会先与加害方协商处理，如果无法通过和解方式解决，公众一般会向有关部门反映情况，即采用行政处理的方式去解决纠纷。如果这一途径还不能奏效，公众才求助于诉讼解决问题。我国环境民事诉讼有五种类型：①停止侵害之诉，即要求已经或正在侵权者停止其活动的诉讼；②排除危害之诉，即要求侵权者消除其已经造成的环境危害的诉讼；③消除危险之诉，即在环境侵害行为尚未现实发生，但已存在侵害发生的必然性的情况下提起的诉讼；④恢复原状之诉，即要求环境侵权者将已经被侵害的环境质量恢复到被侵害之前的状态的诉讼；⑤损害赔偿之诉，即对于因环境侵权受到的损害，在无法通过恢复原状弥补的情况下，受害人为获得赔偿而提起的诉讼。

实践中，对于具体的环境侵权，可提出一种或者几种诉讼请求。如对于工厂污染鱼塘的行为，若已经造成鱼的大批死亡且污染仍在继续，受害者可以同时提出停止侵害、恢复鱼塘水质以及赔偿损失这三项诉讼请求。